建筑结构低碳设计

张 培 赵 科 王 乐◎著

文化发展出版社
Cultural Development Press

·北京·

图书在版编目（CIP）数据

建筑结构低碳设计 / 张培，赵科，王乐著 . — 北京：
文化发展出版社，2023.7

ISBN 978-7-5142-4046-7

Ⅰ . ①建… Ⅱ . ①张… ②赵… ③王… Ⅲ . ①建筑设
计－节能设计－研究－中国 Ⅳ . ① TU201.5

中国国家版本馆 CIP 数据核字 (2023) 第 137702 号

建筑结构低碳设计

张 培 赵 科 王 乐 著

出 版 人：宋 娜

责任编辑：周 蕾　　　　　责任校对：岳智勇

责任印制：邓辉明　　　　　封面设计：守正文化

出版发行：文化发展出版社（北京市翠微路 2 号 邮编：100036）

网　　　址：www.wenhuafazhan.com

经　　　销：全国新华书店

印　　　刷：天津和萱印刷有限公司

开　　本：710mm×1000mm　1/16

字　　数：269 千字

印　　张：15

版　　次：2024 年 3 月第 1 版

印　　次：2024 年 3 月第 1 次印刷

定　　价：72.00 元

ＩＳＢＮ：978-7-5142-4046-7

◆ 如有印装质量问题，请电话联系：010-58484999

作者简介

张培，女，山东济南人，1983年出生，工学博士，现就职于石家庄学院。主要从事结构抗震、低碳设计、BIM与智慧城市等方面的研究。在国内外学术期刊上发表10余篇论文。

赵科，男，1984年出生，工学硕士，现任职于石家庄学院。主要从事结构抗震及低碳设计的研究。

王乐，男，1985年出生，工程硕士，毕业于石家庄铁道大学，现任职于石家庄市轨道交通集团有限责任公司。主要从事市政工程、轨道交通工程等方面的研究。在《装饰装修天地》《房地产业》等发表多篇文章。

前　言

　　本书是作者进行结构低碳设计研究以来的第一本专著。本书从建筑材料狭义物化能耗角度出发，将材料的 CO_2 排放量划分为原料开采与生产、成品加工、材料运输、建材施工和回收利用五个阶段，使用不同的设计构造方式，讨论两大建筑材料——混凝土及钢筋在这五个阶段当中的 CO_2 排放量。具体内容包括建筑工程全生命周期、高强度建筑材料设计与 CO_2 排放量分析、框架轴网设计与 CO_2 排放量分析、水平荷载设计与 CO_2 排放量分析、基础设计与 CO_2 排放量分析、BIM 技术基本知识、轨道工程的 BIM 应用等诸多方面。本书内容可以为从事低碳研究的学者提供研究思路和理论依据。

　　本书由张培、赵科、王乐共同编著。另外，参加相应课题研究和本书编写工作的还有付腾飞、杨中石、赵永永、郭金、苏斐、白晓娜、韩克、郭飞。在此对有关编者和付出劳动的合作者深表感谢。

目　　录

第1章　绪论

近年来，国际上出现了越来越多的关于减少温室气体排放量问题的讨论，1997年12月，149个国家和地区在日本京都举行了《联合国气候变化框架公约》第3次缔约方大会，一致通过了具有约束力的《京都议定书》，规定了39个国家2008—2012年间温室气体的减排指标。2009年12月，190多个国家在丹麦哥本哈根举行了《联合国气候变化框架公约》第15次缔约方会议，签署了《哥本哈根协定》，本次大会决定了2012—2017年全球减排协议，强调了减少碳排放量的重要性。2021年8月初，联合国政府间气候变化专门委员会（IPCC）发布了《气候变化2021：自然科学基础》，报告认为将人类引起的全球变暖限制在特定水平需要限制累计 CO_2 排放量，至少达到净 CO_2 排放量清零，同时减少其他温室气体排放量。

CO_2 主要来自能源的使用和工业制程，据国际能源署的统计，建筑工业所耗掉的能源约占人类使用能源总量的1/3左右。IPCC[1] 报告表明，许多工业国家的建筑行业能耗占本国总能耗的40%，CO_2 排放量占36%[2]，人们的日常生活时间有80%都是在室内[3]。建筑物原料开采、运输、制成、设计、建造、使用、维护、保养等，都可以产生 CO_2，造成环境的负荷。因此，消耗最低能量为人们提供舒适健康的居住环境变得越发重要了。许多国家已经开始着手研究建筑行业的能量使用问题，强调"低碳建筑"。例如：A.I. Brown[4] 等提到英国建筑规划的更改，预期在2010年将使标准厂房的能源使用和 CO_2 排放量分别减少17%和12%，并且预计工业加工和非住宅建筑存量的提升将带来大约59%的 CO_2 排放量的减少。英格兰关于可持续家庭规范（CSH）也设定了许多节能条例，尤其是关于水资源的节省。此规范较为突出的目的在于减少家庭人均用水量。于是 A. Fidar[5] 等做了与 CSH 有关的能耗和碳排放量分析，认为有96%、87%的能量使用和碳排放发生在家庭生活城市供水中（主要是热水供应）。应对气候变化成为人类共识，碳中和全球行动如火如荼。2020年，我国首次提出要实现碳达峰、碳中和的"双碳"目标。2021 年，双碳热词不仅被频繁写进政府工作报告、企业发展规划，更切实走进了人们的视野。比尔·盖茨在《气候经济与人类未来》一书中不但阐述了政府应该承担的角色，同时认为当前社会消费者购买商品不需要承担任何额外的碳成本，如果能制定规则，确保责任人至少承担一部分外部成本，如推行碳税或碳排放总量限制及碳交易等——这样可以创建一种激励机制，鼓励发明者研发有竞争力的零碳产品。在我国，政府结合我国国情将采取另一种措施，不是把碳产品的价格抬高以"逼迫"消费者选择低碳产品，让零散的用户个体来承担社会的碳排放成本，而是让人们逐渐自愿选择低碳的生活和消费方式，由此得到额外的奖励和回馈，以促进公众积极参与减碳生活。

建筑领域的研究学者也早已将注意力集中到低碳工程设计中，就建筑业如何节能减排进行相关的探讨，主要的关注点与日常的低碳生活如出一辙，如针对生活垃圾提倡的 3R 模式：减量化（Reduce）、再利用（Reuse）、可循环（Recycle），关于建筑材料的低碳研究也采用了相同的思路。下面将总结目前针对建筑材料、轨道交通工程管理、装配式设计等方面的低碳设计研究。

1.1 建筑材料研究

关于建筑材料方向的低碳设计研究，主要是通过采用替代建材、选择节能建材、循环使用建材等方式来实现的。

1.1.1 采用替代建材

替代建材主要是指在目前普遍使用的建筑材料中，掺加新型材料或者更改材料配方以达到节约目的。相关研究有 F．C．Sham[6] 等计算评价了传统建筑材料（水泥、钢铁、玻璃、木材等）排放量和选择建筑材料（矿渣水泥、回收铁、碎玻璃和胶合板）的 CO_2 排放量。通过这两组建筑材料的排放量结果比较，F.C. Sham 等得出使用选择建筑材料比使用传统建筑材料可减少 1/3 左右（大约为 34.8%）的 CO_2 排放量的结论。P．Rovnanik[7] 等在研究如何降低 CO2 时，采用的方法是在混凝土中用粉煤灰取代一定量的硅酸盐水泥（国内也有类似研究，但多集中于材料性能）。P.Rovnanik 等针对替代水泥建立了四个平衡指标以检验此种方法的有效性，这四项指标分别为 CO_2 排放量、制作成本、材料的耐用性和可靠性。最终，P.Rovnanik 等得到的结论是：在混凝土中添加适当比例的粉煤灰会减少 CO_2 的排放量，但是混凝土的可靠性会有所降低。

另外，通过跟踪材料生产过程可以得到每种掺量材料的具体碳排放值，以准确地为材料的排量做比较。David J.M．Flower[8]等对混凝土的生产做具体分析讨论，利用收集的澳大利亚采石场和混凝土生产厂的数据，来估计源自生产混凝土的所有组件和流程中的 CO_2 排放量，并且对一栋实体建筑物进行了案例分析与具体讨论。在对整个混凝土生产过程中每种材料的跟踪调查后发现，级配中材料的 CO_2 排放量由大到小的顺序是：水泥、粗骨料、细骨料。但是，需要指出的是，David J.M．Flower 等并没有研究混凝土的配料、运输和安置等活动。因此，其成果缺乏研究的完整性。

1.1.2　选择节能的建材

建筑业针对 CO_2 的分析领域中，一直有一个不变的契约，认为建筑物如果能够与大自然相融相契，则被视为最节能环保的建筑，也是可持续发展最为提倡的建筑。木结构房屋是取自自然的最直接建筑，因此，一直都受到业界特别是一些欧洲国家建筑学者的青睐。例如瑞典就是一个建造使用木结构房屋较多的国家，对木结构房屋的建造与研究也尤为关注。Leif Gustavsson 和 Roger Sathre[9]就是两位来自瑞典的建筑工作者，他们将木结构和混凝土建筑的能耗、CO_2 排放进行比较，通过试验研究，证实了木结构房屋的能耗要远远小于混凝土结构。

早在 1994 年，Andrew H．Buchanan[10]等就曾通过试验分析，指出钢结构建筑是木结构房屋 CO_2 排放量的两倍。针对三种最普遍材料（木材、钢材和混凝土）的分析，Pooliyadda S．P.[11]等比较得到的结果是最低耗能者是木料，其次为混凝土，最高的是钢材。Andrew H．Buchanan[10]等的另一结果显示钢筋和混凝土的温室气体排放占建筑材料的 94% ~ 95%。A．Dimoudia[12]等的研究中也有一致的分析结论，虽然他们的研究数据有所差异。A．Dimoudia 等认为建筑材料中能量消耗最大的建筑材料就是混凝土和钢筋，占到了总能量的 59.57% ~ 66.73%。另外，B.V．Venkatarama Reddy[13]通过比较水泥、铝、钢、玻璃等基础材料的碳排量，结果显示钢材是高能量金属材料之一。因此，若能减少建筑行业的钢筋消耗量，可大大降低温室气体的排放[14]。

1.1.3　建材的循环使用

但是，目前我国甚至世界大多数国家采用的建筑结构类型，多为钢筋混凝土建筑，如图 1-1 所示。

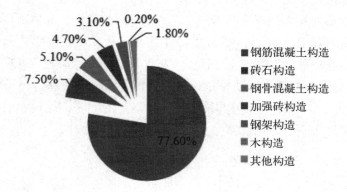

3.10%　0.20%
4.70%　1.80%
5.10%
7.50%
77.60%

■ 钢筋混凝土构造
■ 砖石构造
■ 钢骨混凝土构造
■ 加强砖构造
■ 钢架构造
■ 木构造
■ 其他构造

图 1-1　房屋建筑结构分布比例

由图 1-1 可知，具体比例如下：钢筋混凝土构造 77.6%，砖石构造 7.5%，钢骨混凝土构造 5.1%，加强砖构造 4.7%，钢架构造 3.1%，木构造 0.2%，其他构造 1.8%。于是，人们针对节约钢材提出了许多措施，其中包括采取可循环再利用的方式达到节约钢材的目的。Catarina Thormark[15] 在对建筑物生命周期讨论中发现，在 50 年的建筑周期内，建材的循环潜能占到了总能量的15%，应充分挖掘其循环使用能力。Mark Gorgolewski[16] 就赞同此种观点，他认为应提高钢材的循环利用，挖掘其优点，使其成为可持续施工建材。Mark Gorgolewski[16] 注意到在设计时，应当尽量使钢构件具备可拆卸功能，这样会利于重复使用。另外，钢铁废渣的利用也是绿色环保的重要措施，例如将其代替部分水泥可加工成耐久性较高的混凝土[17]。但是也有人提出质疑，Wai Kiong Chong[18] 就指出由于没有考虑循环过程中的运输能耗和钢铁废渣，全部流程的钢材循环能耗被错误低估。因此，关于如何重复使用建筑材料的课题还需进一步完善讨论。

从以上观点可以看出，众多的结构类型中木结构房屋比起混凝土结构、钢结构等建筑来说，是最节能环保的建筑类型，可以定义为绿色建筑结构。

1.2　结构设计研究

除了以上讨论的低碳建材外，还有许多其他结构设计方面的相关分析研究。例如：Liang Liming[19] 从钢筋性能、施工适应性及经济等综合方面进行分析比较，提出应大力推广强度为 400MPa 的Ⅲ级钢筋，发展小直径Ⅱ、Ⅲ级钢筋；尹秀琴、李惠强[20]等分析了一幢五层的工业厂房，他们发现如果采用高强度的钢材和混凝土，（二氧化碳）CO_2 和二氧化硫（SO_2）的排放量可以得到大幅度的降低；Maria Jesus González 与 Justo Garcia Navarro[21]调查的是一栋位于西班牙的三层房屋，运用传统方法，在相似特征情况下比较其建筑构造，认为选择对环境影响低的建筑材料可以在建筑施工阶段减少 30% 的 CO_2 排放量。

1.3 轨道交通工程研究

以"绿色低碳、节能减排"为主题的 2013 年第二届城市轨道交通车辆专题研讨会暨第二届中国铁道学会车辆委员会城市轨道交通车辆分委员会会议于 2013 年 3 月 22 日在上海召开。会议上来自各省市的企业就轨道交通工程低碳节能问题展开了讨论。深圳市地铁集团有限公司代表发表报告论述了深圳地铁三期工程依据深圳市轨道交通的建设运营特点，编制完成了节能减排工作大纲和实施策略及方案。主要是通过管理节能和技术节能两个方面采用多种方式实现用电量、耗水量的同比降低。上海轨道交通代表提出围绕"节电"，从设计建设到运营管理的全过程积极参与"二次节能"建设。具体的措施包括：利用软件网络系统监测网级、线级、站级及供电回路的能耗，形成了上海市的轨道交通能源利用综合管理平台；完善了限时空调排热、控制空调温度、限时限区照明、禁止用电浪费等运营节能管理措施；推广系统节能技术和土建工程节能措施，寻找替代能源和再生能源，具体体现在组织列车、环控、照明、自动扶梯、给排水等专业系统节能技术的推广和应用。通过上述节能技术措施的实施，上海轨道交通实现了三年综合节电量约 1.8kW·h（折合为节约 4.2 万 t 标准煤），减少二氧化碳排放量 215.7 万 t，降低企业电费成本约 1.53 亿元的目标。

相应实体工程也有多种低碳设计的细节，广州轨道交通 4 号线高架站轨行区上方空间车辆的热量最大，在屋面板交错位置最高处设置小百叶以增大此处空间，利于热空气上升并排出。通过类似建筑形体的组织设计，可使车站室内空间有利于自然通风，从而达到通风散热的目的。另外，玻璃幕墙是建筑物热交换、热传导最活跃、最敏感的部位，其热损失是传统墙体失热损失的 5～6 倍。若采用单层玻璃幕墙，墙体能耗约占整个建筑能耗的 40% 左右；若采用 Low-E 玻璃、中空玻璃等玻璃形式可减少太阳透过玻璃的直接辐射，提高玻璃幕墙隔热保温性能。4 号线高架车站的围护系统玻璃幕墙选用了 Low-E 玻璃。Low-E 玻璃表面镀了一层薄而透明的金属氧化物膜层，其表面辐射率一般小于 0.15，仅为普通透明玻璃的 17%[22]。

还有很多学者也提出了不同的关于轨道交通的低碳排放方法。例如：彭石认为城市交通低碳化发展主要可以从三个方面进行：一是控制城市机动车保有量和车流量，但这一措施会抑制城市交通的正常需求和人们的生活需求，也不利于我国汽车工业的发展；二是优化运力和用能结构，电动汽车、燃气汽车等新能源汽车的出现正在逐渐替代传统燃料汽车，可为城市交通低碳化建设开辟一条新途径。但目前受成本、技术和配套设施等因素的限制，还不能成为人们出行的首选交通工具；三是发展公共交通系统，主要目标是以大运量轨道交通和快速交通为骨干、常规公共汽电车为主体、其他公共交通方式为补充的城市公共交通体系[23]。

周丹的研究认为在城市轨道交通各机电系统中，地下车站的通风空调系统能耗约占 1/3，是仅次于列车牵引系统的耗能体系。通风空调系统的耗能状况随着客流、列车运行间隔、季节变化呈现明显的峰谷差异，故可依据变化情况进行可控调节以挖掘节能潜力。同时，地铁站照明耗电比例约占整个系统能源的 35%，可通过能源消耗控制系统实现节能效果，例如：地铁站管理平台可对站内所有公共区域的灯光实时监控并依据环境情况改变当前照明状态；通过控制中心对灯光效果可以实现全自动化操作；每个车站的节能控制系统可以对整个车站的全部灯光进行图形化监控[24]。

陈进杰等基于全生命周期理论，结合城市轨道交通系统的特点，提出了城市轨道交通全寿命周期能耗概念，将全寿命周期划分为规划设计阶段、运营装备及建材生产阶段、施工建设阶段、运营维护阶段和报废拆除及处置 5 个阶段，建立了各个阶段的能耗数学模型，并对北方某大城市轨道交通 5 号线进行了定量分析，得到了线路的全寿命周期总能耗与各个阶段能耗。计算结果表明：上述各阶段的能耗比重依次为 0.004%、24.391%、3.884%、68.613% 和 3.108%，其中运营维护阶段能耗最大，是全寿命周期能耗控制的重点，运营装备及建材生产阶段能耗次之，绿色节能材料的使用对降低能耗具有重要作用[25]。

1.4 装配式设计研究

装配式建筑相较于传统建筑形式，是先要在预制工厂制备各种建筑组件，然后将这些预制构件运输至施工现场，最后组装成最终建筑。装配式建筑的构件生产发生于工厂而非施工现场，因此可人为控制噪声、灰尘、规格标准、建筑废弃物等，成为建筑节能、环保、全周期价值最大化的可持续发展新型建筑模式。我国的装配式建筑发展起步较晚，但是政府近几年的支持力度不断提升。2020 年 7

月，《绿色建筑创建行动方案》中显示，2022 年我国城镇新建建筑中绿色建筑面积占比达 70%，装配式建筑占比稳步提升。我国将大力发展装配式钢结构建筑，提倡新建公共建筑采用此形式。建筑行业应当编制装配式钢结构构件尺寸指南，强化设计要求，规范构件选型，以提高装配式建筑构配件标准化水平。2021 年 1 月，《绿色建筑标识管理办法》中表示要规范绿色建筑标识，并由住房和城乡建设部统一式样。2021 年 3 月，《中华人民共和国国民经济和社会发展第十四个五年规划和 2035 年远景目标纲要》中明确表示要推广绿色建材、装配式建筑和钢结构住宅，建设低碳城市。2021 年 10 月，《关于推动城乡建设绿色发展的意见》提出将大力发展装配式建筑，重点推动钢结构装配式住宅建设，不断提升构件标准化水平，推动智能建造和工业化协同发展。紧接着，《2030 年前碳达峰行动方案》中强调推广绿色低碳建材和绿色建造方式，加快推进新型建筑工业化，大力发展装配式建筑等；而后的《全国特色小镇规范健康发展导则》中指出我国小镇建设要推广装配式建筑、节能门窗和绿色建材，推动绿色施工的发展。2021 年 12 月，《推动民航智能建造与建筑工业化协同发展的行动方案》中提倡加大装配式建筑的应用比例，机场航站区和工作区的建筑按不低于各地装配式建筑实施要求执行。同时鼓励具备实施条件的直属单位建设项目优先选用装配式方式建造。挖掘装配式产业体系资源，充分利用当地装配式构件智能制造生产线及信息化工厂生产机场装配式构件。2022 年 2 月，《关于加强保障性住房质量常见问题防治的通知》提出关于保障性住房应当采用工程总承包模式，并大力推广装配式等绿色建筑建造方式。由上述相关政策可以看出，在碳中和背景下，我国政府正不遗余力地推广装配式建筑。预计未来装配式建筑将占有一定的建筑市场。目前，我国已经出现了许多装配式建筑案例。例如：武汉火神山、雷神山医院就是中国速度的体现。港珠澳大桥的桥墩、桥面及钢箱梁等构件都是先在多个工厂加工好后，在海上组装搭建起来的。相信未来装配式建筑将成为低碳环保主力建筑建造方式之一。

从全生命周期角度出发进行建筑材料相关的低碳设计和从 BIM 技术出发讨论轨道交通工程相关的低碳设计，其具体分析流程如图 1-2 所示。

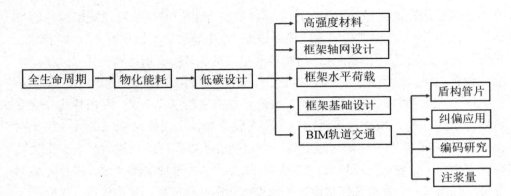

图 1-2 建筑结构的低碳设计分析流程

第2章 建筑工程全生命周期

本章从建筑全生命周期概念出发，讨论主要建筑材料（钢筋、混凝土）的低碳设计内容。

2.1 建筑生命周期评价体系

1993年，国际环境毒理学与化学会（SETAC）公布了生命周期评价（Life Cycle Assessment，LCA）的定义[26]：LCA是对某种产品系统或行为相关的环境负荷进行量化评价的过程。它首先辨识和量化所使用的物质、能量和对环境的排放，然后评价这些使用和排放的影响。评价包括产品或行为的整个生命周期，即包括原材料的采集和加工、产品制造、产品营销、使用、回用、循环利用和最终处理，以及涉及的所有运输过程。它关注的环境影响包括生态系统健康、人类健康、资源消耗三个领域，不关注经济和社会效益。那么，对于一个建筑结构如何来理解分析过程呢？可以通过建筑消耗路线进行理解，建筑能量系统LAC研究路线如图2-1所示。

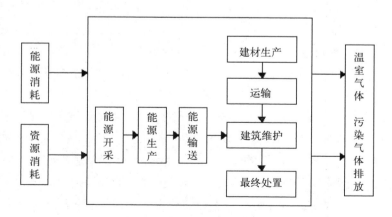

图2-1 建筑能量系统 LAC 研究路线

9

目前，已经有许多学者将建筑生命周期评价体系作为工具，对研究课题展开讨论，并得到了许多高价值参考结论。例如：Leif Gustavsson[27]等合作对位于加拿大的一幢 8 层木结构公寓进行了全生命周期评价分析，目的是更好地理解生命周期的初级能源消耗以及 CO_2 的排放情况。他们将建筑生命周期过程划分为材料的采集和处理、现场施工、建筑活动、建筑拆除以及材料回收等几个阶段进行分阶段研究。研究结果表明建筑施工阶段是整个生命周期过程中 CO_2 排放量最大的阶段。此外，如果采用木质结构和生物能源为基础的供应系统，则可以在建筑生命周期中实现净 CO_2 的负排放，即不存在 CO_2 的排放。

Ignacio Zabalza Bribián[28]等共同合作提出了一种简化的 LCA 方法，并且将此方法应用于西班牙的一所建筑物分析中。虽然是对传统 LCA 的简化，但是这种方法能够完整地体现在能源消耗、建筑材料气体排放以及建筑使用阶段的能量消耗和气体排放之间的全球化比较上。在西班牙建筑节能认证标准的框架下，利用热能仿真工具和简化的 LCA 系统分析和评估了部分建筑物，并且提出了建筑设计改进方法。分析资料显示一所 $222m^2$ 的房屋，带有能容纳一辆轿车的车库房。在其生命周期内有 30% 的一次能源消耗体现在能耗中。由于停车库增加了热表面百分比，如果不包含停车区域，那么建筑材料的能源消耗在能耗中所占比例将降低。这样，一般住宅的最大能源消耗则由两个方面引起：一是加热；二是建筑材料，它可以达到超过 60% 的供热消耗量。

通过以上介绍可以看出 LCA 评价体系的完善性和强大性。由于在 LCA 体系中要求大量的分析数据参与计算和演示，因此，软件的应用将会使研究工作更加高效，成为必不可少的工具。目前，市场上已经出现了关于 LCA 评价体系的应用软件[29]。针对这些应用软件功能的不同分为一般性 LCA 评价软件和特殊性 LCA 评价软件。

特殊性 LCA 评价软件主要应用于专业性较强的领域，一般用于 LCA 建筑评价部门，建筑工程师或者结构工程师遇到特殊问题时进行操作也是有必要的。

下面主要针对目前市场及研究应用较广的能耗软件进行介绍。

EnergyPlus 是由美国能源部和劳伦斯伯克利国家实验室（LBNL）共同开发的一款建筑能耗模拟软件，其研发基础是 BLAST 和 DOE-2 两款软件，因此具备了 BLAST 和 DOE-2 两者的优点。EnergyPlus 既能够进行建筑冷热负荷计算，也能进行建筑全年动态能耗计算，可以根据建筑的物理组成和机械系统（暖通空调系统）计算建筑的冷热负荷，主要的计算模块包括遮阳模块、自然采光模块、自然通风模块、与地面接触的围护结构传热、非均匀温度场设定、HVAC

Template 模块、HVAC 空调系统模块、可再生能源系统模块及经济成本估算模块等。EnergyPlus 可输出详细的各项能耗数据，并与真实情况进行比较验证。

EQUEST 是在美国能源部（U. S. Department of Energy）和电力研究院的资助下，由美国劳伦斯伯克利国家实验室和 J.J. Hirsch 及其联盟共同开发的一款软件。该建筑能耗软件目前使用率较高，对于建筑设计的各个阶段，包括概念设计阶段都适用，因此受到了各建筑师或者工程师的肯定。EQUEST 拥有全面的分析能力，可提供高质量节能策略和节能实施方案，并支持动态平衡能耗计算。软件内包含建模精灵 building creation wizard，能效策略精灵 energy efficiency measure（EEM）wizard，图形化的模拟报表系统等多种功能支持，强大的计算核心 DOE-2 可使建模过程变得简单，且输出结果更加清晰、直观。

瞬时系统模拟程序（TRNSYS，全称为 Transient System Simulation Program）内含若干细小子系统，是一款灵活、形象、模块化的瞬态过程模拟软件。用户可调用所需特定功能的模块，给定输入条件，这些模块程序就可以对某种特定热传输现象进行模拟，最后对整个系统进行瞬时模拟分析。软件还可实现的具体功能有建筑物全年的逐时能耗分析，太阳能（太阳热和光伏系统）系统模拟计算，地板辐射供暖、供冷系统模拟计算等，应用领域涉及太阳能、常规建筑或者生物过程。同时，软件的灵活性不仅体现在多模块的子系统之间的协调调动，其计算方式的灵活性可使软件在线同时输出 100 多个系统变量，并形成 Excel 计算文件，且能够与 EnergyPlus、MATLAB 等其他软件建立链接。

DesignBuilder 由英国 DesignBuilder 公司开发，是一款针对建筑能耗动态模拟的分析软件。DesignBuilder 内有易操作的 OpenGL 固体建模器，类似于 AUTOCAD，可在 3D 空间中配置模型块，实现拉伸、剪切等直观性建筑模型操作。建模中能够对建筑形体厚度、房间面积等进行可视化把控。另外，软件对模型形状和表面形状没有限制。数据模板选择中，可根据用户需求载入一般性建筑结构、建筑物内部的人物活动、HVAC（Heating、Ventilating and Air Conditioning）及设计照明装置。同类型建筑模型可反复使用，还能定义加入模板信息库。软件适用群体非常广泛，包括建筑师、建设事业工程师、能源咨询公司以及学生。

由于我国已经开始重视建筑行业能耗问题，据了解许多科技研发公司推出了多款适合我国建筑行情的能耗分析软件，具体有如下几种。

中国建筑科学研究院研发的建筑能耗模拟分析软件 PKPM-Energy，这款软件已经顺利通过了建设部科技发展促进中心鉴定和中国建筑科学研究院性能测

建筑结构低碳设计

试，主要是以我国的建筑评价标准为主要依据，对建筑总能耗进行分析和计算。软件基于 BIM 技术平台建模，可提供围护结构热工性能、建筑全年能耗结果分析以及全年机组运行时间分布等功能。

DeST 是一款针对建筑环境及 HVAC 系统仿真模拟的软件，该平台由清华大学建筑技术科学系环境与设备研究所研发。DeST 可以对各类建筑冷热量消耗进行评估计算，计算模型准确，界面简单，操作方便，后处理功能强大。软件可提供建筑设计方案比选与优化、空调供暖系统方案比较分析、空调供暖系统初投资、运行费用的经济性分析等功能。

天正节能软件是一款涵盖采暖地区、夏热冬冷、夏热冬暖等国内各建筑气候分区的建筑节能分析软件。用户可根据需求随时将新的节能材料加入开放的材料库、基础构造库中；以工程外墙、外窗、房间、屋顶等建筑围护结构为载体，设计人员可自由设置围护结构的不同做法，过程高效、快捷、方便；构造材料的导热系数及厚度智能联动，自动输出构造做法节能详图；软件可显示不满足规定指标的围护结构，对于住宅建筑，能够提示可否进行耗热指标计算，对于需要动态计算的公共建筑，提供节能检查，方便设计师调整节能方案；能够对建筑进行总能耗计算，实现全年 8760 小时的逐时负荷模拟计算；可进行采暖地区耗煤量和耗电量计算。

2.2 材料物化能耗研究

随着世界各国在气候变化及其减缓行动领域的合作与博弈不断加深，对能源消费碳排放测算及碳减排对策的研究越来越受到研究者的关注[30]。降低建筑耗能也迫在眉睫。通过上述内容可知，虽然目前已有许多措施正在进行，但整体低碳领域的研究仍以建筑全生命周期为标准实施。而建筑材料则是建筑设计、施工以及运输的主体，因此本书所关注的侧重点则是建筑材料的使用状况和碳排放量情况。

关于建筑材料的分析，是指对具体物体的研究，即建筑物化讨论。建筑产业活动对于地球环境造成的负荷是多种多样的，因而形成的物化能耗也是种类繁多，其中包括在材料生产过程中产出的有害气体、温室气体；自然资源的消耗，如化石燃料产品、矿物资源、水资源、森林资源的消耗；建筑施工过程中所消耗的电能及其产生的噪声、震动、粉尘，还有废弃物的丢弃对于地区环境的破坏与污染；

等等。目前广泛采用全生命周期评价方法对建筑材料的物化能进行分析评价。在建筑能耗中共有 4 种温室气体：氟氯碳化物（CFC）、CO_2、CH_4、N_2O，其中 CO_2 排放量占 99% 以上 [31]，因此本书以 CO_2 排放量为标准，阐明建筑材料的物化能。目前，关于物化能耗的研究多集中于建筑服务运行耗能阶段，得到的相关结论显示，以建筑使用过程中采暖和空调消耗的能量为主，一般占到总耗能的 50% ~ 70%[32]。但随着降级运行阶段耗能技术的提高，建筑材料能耗所占比例正在迅速增加 [33-35]，对于某些低能耗建筑物，材料耗能可达生命周期总耗能的 40%[36]。因此，应更注重材料物化能耗的研究。

材料物化能有广义和狭义两种观点，广义物化能是指建筑全生命周期各阶段的耗能，从全生命周期理论出发，被称为从"摇篮到坟墓"的生命周期，是某一过程、产品或事件从原料投入、加工制作、使用到废弃的整个生态循环过程 [37]；狭义物化能是指建筑物建成之前各阶段的能量消耗，仅对整个生命周期的部分建筑活动进行分析。关于这方面物化能耗的研究也有很多，例如：龚志起 [38] 曾对重要的建材产品（水泥、钢材、平板玻璃等）展开过获取、运输及生产阶段的物化环境讨论；刘猛 [39] 等采用建筑生命周期模型分析了重庆一栋住宅的建材生产、使用和建造拆除处理阶段的环境状况；黄志甲 [40] 则致力于能源上游阶段的清单模型研究。在对这些文献的参考阅读中发现，类似的研究几乎都没有考虑材料的回收利用。由于我国目前正处于建设发展的高峰期，大部分建筑物还没有达到使用寿命，大量建筑材料正处于蓄存期，尚且进入不到回收时期。但是我国回收技术正逐步提高，建材的可再生因素对建筑全生命周期的能耗越来越重要。因此，本书补充：应对建材回收能耗做预期研究。上述所介绍能耗即为建筑活动中的能量消耗，同时也伴随 CO_2 的释放。能耗是衡量建筑活动环境效益的一项指标，它与 CO_2 排放量之间存在一定的转换，也就是说 CO_2 的排放量也是检验建筑活动的一项重要指标。能耗的单位通常用标准煤来表示。

2.3　建筑材料的狭义物化能耗研究

下面考虑将回收阶段作为全生命周期的一部分进行建筑的物化能耗分析。具体将整个物化能耗分析划分为五个阶段：自然资源的开采与材料生产阶段、成品加工阶段、材料运输阶段、建材施工阶段、废旧拆除后的回收利用阶段。综合五阶段的能耗，可以建立相关的分析计算模型。

$$E=E_p+E_f+E_t+E_c+E_r \qquad (2-1)$$

式中：E_p 为原料开采与生产阶段 CO_2 排放量，kg/m^2；E_f 为成品加工阶段 CO_2 排放量，kg/m^2；E_t 为材料运输阶段 CO_2 排放量，kg/m^2；E_c 为建材施工阶段 CO_2 排放量，kg/m^2；E_r 为回收利用阶段 CO_2 排放量，kg/m^2。

首先，需要说明的是在上述每个能量消耗阶段，都不可避免地需要使用煤、石油、天然气等最基本的一次能源。每个阶段的生产都经历不同的环节，而每个环节消耗都指向一次性能源。不同阶段最终得到的 CO_2 排放量就是每个环节一次能源的叠加，因此需要弄清一次能源的 CO_2 排放系数，具体可以参考表 2-1。

表 2-1　一次能源的 CO_2 排放系数[41]

能源种类	CO_2 排放量	CO_2 排放因子	
煤炭	1.80/ (kg/kg)	1.86/ (kg/kg)	2.62/ (kg/ 标煤)
原油	3.01/ (kg/kg)	3.22/ (kg/kg)	2.25/ (kg/ 标煤)
汽油（车用）	2.93/ (kg/kg)	3.50/ (kg/kg)	2.38/ (kg/ 标煤)
煤油	3.02/ (kg/kg)	3.26/ (kg/kg)	2.21/ (kg/ 标煤)
柴油	3.10/ (kg/kg)	3.67/ (kg/kg)	2.52/ (kg/ 标煤)
天然气	2.16/ (kg/m^3)	2.36/ (kg/m^3)	1.77/ (kg/ 标煤)
电	1.07/ [kg (kW·h)]	0.86/ [kg (kW·h)]	7.00/ (kg/ 标煤)

注：以我国的换算制度为准，把每公斤（kg）含热 7000 大卡（29 307.6kJ）的煤定为标准煤，简称标煤。

2.3.1　物化能耗原料开采与生产阶段

原料开采、生产过程的能源消耗主要包括能源在生产中产生的直接或间接排放以及原料化学反应产生的直接排放两部分。建筑材料生产阶段的物化能研究目前已经比较成熟，许多国家都已经有了建筑材料在生产阶段的 CO_2 排放因子。例如，韩国政府机关就为大众提供了使用建材的 CO_2 排放量数据，其中包括混凝土、水泥、玻璃以及钢材等[42]。计算建筑材料在生产阶段的 CO_2 排放量，以水泥的生产为例，一般可分为材料制备、熟料煅烧以及水泥成品三个工序。每个工序都要消耗一定的煤炭或者电力等能源，并且都会产生 CO_2 排放。另外一些由多种基本材料加工合成的二次主要建筑材料，再例如混凝土就是由水泥、砂、碎石及其他催化剂拌合制成的二次建材。这其中的碳排放方式不仅包括基本材料的排放量，还要包括加工过程中产生的 CO_2。根据众多的相关研究，已经有大量的建筑材料研究数据，能够得到可靠的分析数值确定建材在生产阶段的 CO_2 排放因子，建筑材料生产阶段 CO_2 排放因子见表 2-2。

表 2-2　建筑材料生产阶段 CO_2 排放因子 [41, 43]

建筑材料	单位	排放因子
C30 混凝土	t	0.270
C35 混凝土	t	0.290
C40 混凝土	t	0.310
C50 混凝土	t	0.350
钢筋	t	2.600
型钢	t	2.600
铸铁管	t	2.500
圆木	m³	0.025
机砖	块	0.056
水泥	t	0.730
砂子	t	0.009
石子	t	0.014
玻璃	t	1.100
预制混凝土砌块	m³	0.170

注：①引用的文献中部分有建材内含能耗的结果，需要转换为 CO_2 排放值。内含能耗单位：MJ，转换公式为 $1MJ=1.523\times10^{-5}t\ CO_2$。

②表格中钢筋、型钢、钢管的排放因子都取文献中钢的值；圆木取木材的值；机砖取砖的值。

③机砖即"黏土砖"，红色的。尺寸：240mm×115mm×53mm，一块机砖的质量取 2.63 kg。由于我国提倡节能环保，目前较多使用粉煤灰研制的机砖，颜色为灰色。

④圆木的密度取为 $0.6\times10^3 kg/m^3$；预制混凝土砌块的密度取 $500\sim700kg/m^3$。

原料开采与生产阶段的计算模型如下：

$$E_p = \sum \alpha_i m_i \qquad (2-2)$$

式中：α_i 为第 i 类建材碳排放系数；m_i 为第 i 类建材质量，计算中根据表 2-2 采用相应单位。

2.3.2 物化能耗加工阶段

在建筑原材料中，有部分原料生产成为合格商品后，在建筑工程使用过程中还需要进一步加工才能发挥作用。例如，钢材根据设计需要，在特殊加工之后成为钢筋或型钢才能使用；铝合金门窗是由玻璃和铝材加工制成的。因此，在加工过程中也会有能量产生，并且伴随 CO_2 的排放。成品加工阶段的计算模型如下：

$$E_f = \sum \beta_i m_i \qquad (2-3)$$

式中：β_i 为第 i 类建材成型加工碳排放系数。

2.3.3 物化能耗运输阶段

运输过程是建筑材料的使用在造成环境影响时的非工艺阶段。我国的国土面积广袤，但是资源分布不均匀，导致货物的运输耗时长、距离较大。货物可以选择铁路运输、公路运输、水路运输和航空运输这四种运输方式，其中最为常用的是铁路运输方式。在运输过程中，交通工具需要产能原料，而化石能源的使用，会产生并释放 CO_2。交通工具的不同，能源消耗方式的不同，采用不同的运输方式，都可以使能源的使用量发生变化。计算货物在运输过程中的能耗时，主要需要考虑三个因素：能源结构、运输方式和运输距离[40]。囊括这三种因素，综合考虑后得到的运输阶段 CO_2 排放量计算模型[44]如下（公式中无论怎样取值都需要注意单位统一）：

$$E_t = m \sum_{ij} \alpha_{ij} E_{ij} c_j L_p \qquad (2-4)$$

式中：m 为某种建材质量；α_{ij} 为某种建材第 i 种运输方式第 j 种运输能源结构所占百分数；E_{ij} 为某种建材第 i 种运输方式第 j 种运输能源消耗量；c_j 为第 j 种运输能源碳排放系数；L_p 为某种建材平均运输距离。

需要指出的是，关于建材的平均运输距离计算，可以直接查找《中国统计年鉴》，根据表格所列寻找所需材料的平均运输距离。

2.3.4　物化能耗施工阶段

建造施工主要包括建筑现场工程、装配工程、装饰工程、建筑内部的电气工程和管道工程等方面，能源主要以燃油和电能为主。在建筑的施工现场，机械种类繁杂，燃油耗油情况很多。因此，目前还没有系统的关于施工阶段燃油量的直接统计数据。虽然现场施工存在复杂性，统计工作不可能做到尽善尽美，但是可以通过相关工程的建筑工程消耗量定额和机械台班费用编制规则等资料进行大致估算；电能的实际用量可以通过工程决算书进行统计。目前也有学者尝试估算建筑施工过程的耗能情况，有资料显示现浇混凝土与预制混凝土的施工情况就有所区别。在规划、设计和施工阶段，现浇混凝土的 CO_2 排放因子为 12.736 6（kg/t），预制混凝土的 CO_2 排放因子则为 7.236 7（kg/t）[45]。可见进行施工阶段 CO_2 排放分析是有必要的。施工阶段 CO_2 排放的计算模型如下：

$$E_c = \sum \gamma_i q_i \tag{2-5}$$

式中：γ_i 为第 i 类建材施工工艺碳排放系数；q_i 为第 i 类建材建造施工量。

另外，施工过程中使用过的可重复利用材料和设备需要进行更新与维护，通常这是多数研究容易忽略的部分。按照 VDI-2067 标准和德国可持续建筑导则（Leitfaden Nachhaltiges Bauen）的规定计算可得到更新维护频率，对比数据库计算种类体积，进而得到在建筑使用寿命周期内材料和设备的碳排放量数据。

2.3.5　物化能耗回收利用阶段

建材回收是建筑生命周期结束之后进行的工艺阶段。随着大都市的发展，拆除废旧建筑在世界各地也是比比皆是。仅在澳大利亚，不同的建筑拆除垃圾中混凝土就占到了 81%。而在一般的建筑垃圾中，大概有 35% ~ 40%[15] 的能量可进行回收、二次开发利用。就拿铝制品来说，一般情况下它可以进行全部回收[46]。可见回收利用是高效节能、节约资源的有力措施。材料回收避免了对新原料的开采、生产，也避免了此过程 CO_2 的排放，是对建筑材料生产阶段耗能的弥补，可以造成碳排量计算的负增加。多国学者对此方面的研究也有了较为成熟的意见。例如，Leif Gustavsson[27] 等认为，建筑木材拆除后 90% 可作为生物燃料，少数木材垃圾会发生腐烂而无法使用；Dongwei Yu[46] 等的分析研究表明，钢筋及铝制品等部分金属材料，在高回收率技术下是可以实现全部回收利用的，而对于混凝土则还没有实现全部回收利用，不过废旧混凝土可粉碎后作为水泥粗集料或其他结构层进行二次开发；关于混凝土的回收利用率，依据每个国家的技术水平不同存在较大差异，而日本则在此方面具有领先水平，他们可以达到98%的回收利用率。

但是回收后，如果要进行加工重新使用，那么在此过程中则是需要进行耗能的。因此建材回收需要分两部分进行讨论，其CO_2释放计算模型如下：

$$E_r = E_{r1} - E_{r2} = \sum \omega_i \mu_i m_i - \sum \omega_i \alpha_i m_i \qquad (2-6)$$

式中：E_{r1}为回收过程中碳排放量；E_{r2}为回收节省碳排放量；ω_i为第i类建材回收率；μ_i为第i类建材回收加工碳排放系数。

2.3.6　钢筋的狭义物化能耗分析

第1章已经阐明钢筋是目前较为耗能的普通建筑材料。因此，此处将针对钢材的狭义物化能耗进行计算，具体说明狭义物化能耗的概念。

由于建筑结构楼层和形式的不同，含钢量存在较大差异。因此，此处将单独针对我国目前较为普遍采用的高层钢筋混凝土结构进行CO_2排放量的分析。根据高层建筑结构用途的不同进行划分，不同结构用途的高层钢筋混凝土结构的含钢量（m）范围，如表2-3所示。

表2-3　高层钢筋混凝土结构的含钢量范围[47]（kg/m²）

结构用途	框架	剪力墙	框剪
住宅	50 ～ 60	55 ～ 75	40 ～ 85
综合楼	50 ～ 100	70 ～ 120	50 ～ 120
商厦	50 ～ 120	60 ～ 170	65 ～ 140

注：计算将使用平均值。

利用上述物化能耗分析各阶段的计算模型，计算钢材在高层钢筋混凝土中各个能耗阶段的CO_2排放量。计算模型中各类型钢材所需系数如表2-4所示（虽然有些结构中型钢所占比例较大，但是多数结构仍以钢筋用量较多。因此，此处计算CO_2排放量以钢筋为标准）。

表 2-4　计算模型中各类型钢材所需系数（kg/kg）

类型	$\alpha_i^{[41]}$	$\beta_i^{[48]}$	$(\sum\limits_{ij}\alpha_{ij}E_{ij}c_jL_p)^{[44]}$	$\omega_i^{[31]}$	$\mu_i^{[31]}$
钢筋	2.6	0.237	0.015 86	0.5	0.8
型钢	2.6	0.237	0.015 86	0.9	0.8

注：ω_i 系数无单位。

将表 2-4 中的系数分别代入计算模型 ［式（2-2）～式（2-6）］ 中，得到各阶段碳排放量，根据式（2-1）求和后获得本章定义的全生命周期狭义物化能概念下的总体 CO_2 排放量，计算结果如表 2-5 所示。对于钢筋施工中拉直、切断、弯曲等工序耗费电量，可以通过跟踪统计机械电量得到能量损耗。由于调查工作繁杂，目前还没有系统跟踪工作进行，得不到有效统计数据，此处暂不考虑。

表 2-5　钢材碳排放量（kg/m²）

类型	E_p	E_f	E_t	E_r	E
框架住宅	143	13.04	1.94	−49.50	108.48
框架综合楼	195	17.78	2.64	−67.50	147.92
框架商厦	221	20.15	2.99	−76.50	167.64
剪力墙住宅	169	15.41	2.29	−58.50	128.20
剪力墙综合楼	247	22.52	3.34	−85.50	187.36
剪力墙商厦	299	27.26	4.05	−103.50	226.81
框剪住宅	163	14.81	2.20	−56.25	123.76
框剪综合楼	221	20.15	2.99	−76.50	167.64
框剪商厦	267	24.29	3.61	−92.25	202.65

根据表 2-5 可以看出，在每个阶段的建筑活动中都有不同程度的 CO_2 排放。比较表格中的数据会发现，运输阶段的 CO_2 排放量最少，原料开采及生产阶段的 CO_2 排放量最大。另外，表 2-5 中回收阶段是 CO_2 排放量唯一出现负值的阶段，

这表明此阶段实现了能耗的负增长，对 CO_2 的排放起到了降低作用，并且其排放计算的绝对值仅次于原料开采生产阶段，大约是成品加工阶段的 4 倍，运输阶段的 25 倍。可见，回收在整个模型周期内的重要地位。因此，若想真正降低材料物化能，必须提高原料开采及生产技术，尽量在这个阶段中节省资源减少能耗，并且，仍然应该继续关注对建筑材料的回收利用。回收技术的提高可减少对自然资源的使用，形成循环利用，为寻找其他替代能源争夺时间。

钢材能耗计算是依据结构功能类型的划分而讨论的。因此，通过表 2−5 可以发现，高层框架、剪力墙和框架剪力墙的排放量比较中，高层框架是钢材最节能的结构类型。它的综合 CO_2 排放量最小，相对同种功能建筑的剪力墙结构可节约 26% 的 CO_2 排放量，相对同种功能的框架剪力墙结构类型可减少 11% ~ 16% 的 CO_2 排放量。因此，若尝试每种结构类型均满足建筑设计的各项要求，那么最好采用框架结构类型以节省钢材。

若考虑建筑的使用功能，计算后会发现，民用住宅的 CO_2 排放量最少，相对综合楼可以减少 26% ~ 31%，相对商厦可以减少 35% ~ 43%。因此在城市拆迁改造或者规划设计时，在满足城市生活需求的条件下，规划设计人员应当避免修建过多的商用大厦，以降低城市建材物化能。

由上述对钢筋的狭义物化能分析，可以很好地理解建筑材料在整个建筑活动中是如何参与 CO_2 的排放过程的。并且通过具体分析也可以得到如何采取有效措施，有的放矢地降低 CO_2 排放量。

2.4　低碳设计的必要性

通过上一节关于建筑狭义物化能耗的分析发现，虽然回收可以降低 CO_2 的排放量，但是如果从源头就开始减少不必要的碳排放，那么整个建筑的全生命周期将会在每个阶段具备少量的能量消耗。由此我们提出低碳设计理念的必要性。在进行狭义物化能耗分析时，列出了每个建筑活动阶段的 CO_2 计算模型，从这些模型中不难看出大多数阶段都与建筑材料的质量有很大关系。于是，我们可以从减少建筑材料使用量的角度出发，考虑结构设计，运用现有知识使建筑达到最少的材料用量，在涉及建材用量的阶段内尽可能减少 CO_2 的释放。低碳设计与建筑 CO_2 排放量的关系如图 2−2 所示。

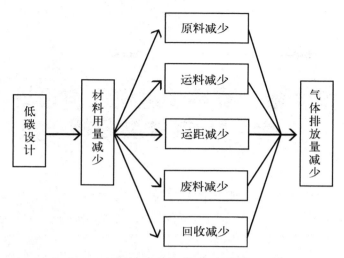

图 2-2　低碳设计与建筑 CO_2 排放量的关系

第3章 高强度建筑材料设计
与 CO_2 排放量分析

目前，整个世界的建筑行业包括中国在内，普遍使用的建筑类型为钢筋混凝土结构。则钢材和混凝土成为最主要的建筑材料。根据 2010 年的统计，我国建筑行业的钢铁年消耗量为 1.9 亿 t，混凝土则高达 250 亿 m^3，这一惊人数字表明建筑行业不仅是耗材大户，钢材与混凝土更是主要的耗能材料。那么，在生产这些建筑材料时，不仅要进行铁矿石、砂石料等资源开采，还存在生产所需的原油、煤、电等能源消耗。获得这两种材料的每一个生产环节都会伴随 CO_2 的释放。因此，在不影响建筑设计要求的前提下，减少钢材与混凝土的工程用量一直是受关注的研究方向，是可持续建筑研究的重要课题。

3.1 高强度建筑材料的国内外研究

关于如何减少钢材与混凝土工程用量的研究，已经有许多学者开始着手进行。而采用高强度钢筋和使用高等级混凝土，不仅可以节省建筑材料用量，还可以起到显著的经济效益。

早在 1999 年，学者 H.G. Russell[49] 就曾提出应当使用高强度混凝土替换传统混凝土。他发现如果使用等级较高的混凝土不仅可以减小柱的截面尺寸还可以减少混凝土、钢筋以及模板的用量。通过试验研究，Russell 得到的最终结论是：柱子截面尺寸的减小、钢筋用量的降低以及采用高强度等级的混凝土可以降低柱子的建筑成本。

在印度，同样的分析出现在 Sahoo[50] 等于 2008 年发表的文章，文献中详细阐述了对一幢钢筋混凝土建筑——图书馆大楼的研究。Sahoo[50] 等分别采用强度为 20MPa 和 60MPa 的混凝土对图书馆的梁、柱进行分别设计，同时还计算了两种情况下钢筋和混凝土的用量以及相应的成本。计算结果表明使用强度较高的

60MPa 混凝土比采用 20MPa 的混凝土可以减少 30.9% 的钢筋用量，同时减少 8% 的材料成本。

　　而在美国，Joreno Moreno[51] 也曾做过此类研究。通过对一幢 23 层商业大楼的广场柱子进行比较计算，他发现如果使用 6000psi（41MPa）的混凝土，柱子截面的尺寸为 34 英寸（863.4mm），花费美元 0.92/ft²（美元 9.90/m²），但是如果采用 12 000psi（83MPa）的混凝土，柱子的截面尺寸将减小为 24 英寸（610mm），其花费为美元 0.52/ft²（美元 5.60/m²）。那么，采用高强度混凝土带来的优势就显而易见了。

　　在我国，由于正处于城市建设的高峰期，对大量建筑材料的使用更是推动了研究人员对采用高强度建筑材料等方面的关注程度。例如：杜滨[52] 采用一幢 6 层框架办公楼为研究对象。办公楼总高度 23m，建筑面积 7000m²，框架柱网 6m×8m，抗震设防烈度 8 度，加速度值为 0.2g。建筑内部柱子的箍筋分别采用两种标号的钢筋：HPB235 和 HRB300。杜滨的设计结果显示 HRB300 比 HPB235 可节省 14.3% 的材料用量。

　　另外，国内最早应用现浇高强混凝土的高层建筑是竣工于 1988 年的辽宁省工业技术交流馆，房屋总高度为 62m。陈肇元[53] 的设计计划：在建筑底部 12 根柱子中采用 C60 混凝土。但是，在原设计方案中这 12 根柱子均采用的是 C30 混凝土。如果按照陈肇元的方案进行施工，经计算分析，柱子的截面尺寸将比原设计方案中柱子的截面减少 56%。调整后的结构，不仅缩小了构件尺寸增加了建筑使用面积，使得结构简单大方满足了美观效果，而且在材料加工和现场施工费用上也取得了显著经济效益，使整个主体结构造价降低了 1.2%。

　　高强度材料在民用住宅建筑中的使用也在逐渐兴起。民用住宅小区——翠城花园建筑群的尝试就给出了很好的范例。陈传荣[54] 将翠城花园建筑群的梁、柱和墙三种主要构件罗列出来，就三种构件纵向钢筋的设计进行了对比，涉及两种标号的钢筋，分别为 HRB400 与 HRB335。将两种钢筋强度运用到三种构件的纵向钢筋的配筋设计中，目的是比较使用不同钢筋时对建筑标准层含钢量的影响程度。结论显示：当梁的纵向钢筋采用 HRB335 时，钢筋的计算用量为 14.03kg/m²；如果使用 HRB400，则钢筋的计算用量为 12.66kg/m²。墙体用钢量情况：HRB335 为 21.18kg/m²；HRB400 为 21.11kg/m²。所以，在梁中，HRB400 相较 HRB335 可节约 20% 的钢筋用量。但是，结果表明墙体钢筋用量没有显著的减少。

　　上述文献给出的是个案的分析结果，若从普遍调查情况考证，采用强度较高的钢筋对比强度较低的钢筋可以存在一个定量的节约百分比。相关统计结果显示，一般用 HRB500 钢筋代替 HRB335 钢筋可使工程节约钢筋用量 28% 以上；若用 HRB500 钢筋代替 HRB400 钢筋则可节约钢筋用量 14% 以上。

国内外学者的大量研究表明，采用高强度的钢筋和高等级混凝土确实能够在结构设计中节约材料用量，并收到一定的经济效益。但是，在材料初始生产阶段却不是相同的状况。赵亮[55] 发现钢筋在钢厂生产加工时，不同级别钢筋的生产成本有很大不同。HRB500 钢筋的生产成本要比 HRB335 钢筋的成本平均增加 350 元 /t；HRB500 比 HRB400 的钢筋生产成本要高出 150 元 /t。因此，在倡导采用高等级钢筋时，若考虑钢筋在全生命周期的整个循环过程，其成本和 CO_2 排放量才是最具参考价值的。

3.2 高强度材料与低碳设计

多年来，建筑结构设计的安全性和维护性是研究的主要目标。人们不断地寻找力学性能最为优质的建筑材料，以达到建筑结构标准。但是，随着人类对地球环境的影响日益加深，建筑活动已经成为不可忽视的环境影响因素，因此在评定建筑的指标中，应将人类建筑整体活动对环境的作用作为一个设计因素来考虑。

从以上内容可以看出，若不考虑高强度材料的力学性能，且只关注材料在建筑施工过程中的使用，仅从降低材料用量促使结构 CO_2 排放量减少的角度出发，高强度材料是应该被提倡使用的建筑材料。

通过上述内容的讨论，可以发现关于高强度材料带来的经济效益是目前最为关心的话题。很少有资料显示，高强度材料设计与建筑 CO_2 排放有关。而建筑低碳领域，几乎所有的节能措施都是针对如何降低建筑材料的物化能而展开的。几乎没有考虑在设计阶段将提高建筑材料强度作为减少 CO_2 排放量的措施。

因此，本章将采用提高建筑材料强度与 CO_2 排放分析相结合的方法，阐明高强度建筑材料对低碳设计的影响。本章将利用规范设计基础公式展开讨论，并与具体建筑实例相结合，分析建筑设计参数，例如：强度等级、尺寸等可调节参数的改变对整个工程设计的影响状况以及随之带来的建筑材料的使用情况和对环境的影响。依据现阶段建筑结构普遍采用钢筋混凝土材料，以及设计中提倡采用高等级钢筋和高强度混凝土的建议，本章的主要内容是设计在不同强度等级钢筋和不同标号混凝土的使用下，进行相同的设计思路。目的是阐明各种强度等级的建筑材料在初始设计阶段带来的用量变化，和随后引发的工程 CO_2 排放量的差异。

本章设计的主要内容及设计步骤包括以下几点。

①提出不同构件的规范设计公式，通过公式参数的改变说明造成材料用量发生变化的原因。

②提出不同强度等级材料（主要是指钢筋和混凝土）的国际标准 CO_2 排放因子，以相同单位进行对比分析。

③采用具体工程案例说明采用不同强度等级的钢筋和混凝土，对工程及环境的影响。在进行具体案例分析时，具体的设计步骤包括以下三条。

a. 在具体工程实例中，对不同构件的钢筋和混凝土采用不同的强度等级，并进行分组。详细说明设计的主要参数情况，然后应用设计软件进行设计。最后通过预算软件对工程材料（钢筋和混凝土）用量进行统计。

b. 运用已经提出的标准碳排放量系数对分组后的材料用量进行碳排放量计算，并对不同组的排放结果进行对比，进而得到对环境破坏影响最小的组，以说明环境影响下的材料选择问题。

c. 最后提出从建筑低碳出发的节能设计建议。

由于钢筋混凝土结构是目前普遍使用的建筑结构形式，本章则对钢筋混凝土框架结构的梁、柱、基础三种构件进行说明。

3.3　构件的规范设计

本章采纳的公式出自《混凝土结构设计规范（2015 年版）》（GB50010—2010）。

3.3.1　梁的规范设计

梁是钢筋混凝土上部的主要受力构件，尺寸设计及配筋计算中，同一构件的不同部位的受力情况也会不同。按照截面受力状况的不同，梁的截面可以分为单筋截面、双筋截面以及 T 形截面等不同设计截面。但是设计的主要分析思路都是根据构件的破坏情况，主要方法是依据受拉区与受压区的弯矩及力的平衡。虽然在针对整个工程设计中梁有很多复杂的受力情况，需要对特殊部位进一步调整，例如，连续的梁跨中和支座处需要进行弯矩调幅等。但是基础设计理论是结构设计的根本，并且在一定程度上决定了配筋情况和截面尺寸选择情况，而且双筋截面、T形截面及其他复杂形式截面设计都是以单筋截面设计理论为基础的。因此，此处以最基本的单筋截面设计为标准进行说明，这样会使问题阐述更加清楚。

根据《混凝土结构设计规范（2015年版）》（GB 50010—2010），单筋截面梁的设计公式如下：

$$\alpha_s = \frac{M}{\alpha_1 f_c b h_0^2} \qquad (3-1)$$

$$\xi = 1 - \sqrt{1 - 2\alpha_s} \qquad (3-2)$$

$$A_s = \frac{\alpha_1 f_c \xi b h_0}{f_y} \qquad (3-3)$$

将上述式（3-1）～式（3-3）进行整合，得到单筋截面梁的配筋计算面积，其表达式如下：

$$A_s = \frac{\alpha_1 f_c b h_0 \left(1 - \sqrt{1 - 2\dfrac{M}{\alpha_1 f_c b h_0^2}}\right)}{f_y} \qquad (3-4)$$

由式（3-4）可以发现梁截面的配筋面积计算值，在所受荷载不变且其他参数不改变的情况下，采用高等级钢筋时，f_y值将会提高，那么构件截面所需要配置的钢筋面积 A_s 将会减少，所需钢筋质量则将减轻。举例说明，若梁截面纵向受力主筋分别采用 HRB335（$f_{y\,(HRB335)} = 300 \text{N/mm}^2$）和 HRB400（$f_{y\,(HRB400)} = 360 \text{N/mm}^2$）两种不同等级的钢筋。

设 $\delta' = \alpha_1 f_c \left(1 - \sqrt{1 - 2\dfrac{M}{\alpha_1 f_c b h_0^2}}\right) b h_0$，则梁截面计算配筋面积 A_s 可表示为：

采用 HRB335：$A_{s335} = \dfrac{\delta'}{300}$。

采用 HRB400：$A_{s400} = \dfrac{\delta'}{360}$。

通过比较，若假定此时的 δ' 是一个常量。那么，计算 $\dfrac{A_{s335}}{A_{s400}}$ 得到的结论如下：

采用 HRB335 时计算钢筋面积是采用 HRB400 时计算钢筋面积的 1.2 倍。目前梁钢筋采用的直径 d_i 一般在 12～28mm 的范围内，单根钢筋理论质量 m_i（第 i 种直径钢筋的单位质量）的范围为 0.888～4.83kg/m。假定两种级别的钢筋采用相同的钢筋直径，且计算配筋面积与实际采用的钢筋面积恰好吻合，则有：

采用 HRB335：$A_{s335} = \dfrac{d_i^2}{4} n_1$。

采用 HRB400：$A_{s400} = \dfrac{d_i^2}{4} n_2$。

式中：n_1、n_2 为所取钢筋根数。假定整个工程中梁所需的第 i 种钢筋的长度为 l_i（m），则可得到梁钢筋总质量为：

采用 HRB335：$m = \sum n_1 m_i l_i$。

采用 HRB400：$m = \sum n_2 m_i l_i$。

由上述分析可得 $\dfrac{n_1}{n_2} = 1.2$，因此，若设计环境是理想状况，工程中梁截面采用 HRB335 的钢筋要比采用 HRB400 的钢筋多消耗 0.2 倍质量的钢材。

如果只改变混凝土的强度，采用等级强度较高的混凝土，提高 f_c。那么，计算钢筋的配筋面积将会增大，钢筋质量也会增大。建筑工程中，钢筋混凝土结构多采用 C30、C35、C40 混凝土，三者的抗压强度设计值分别是：

$f_{c\,(C30)} = 14.3\ N/mm^2$；$f_{c\,(C35)} = 16.7\ N/mm^2$；$f_{c\,(C40)} = 19.1\ N/mm^2$。

设 $\delta'' = \dfrac{\alpha_1 (1 - \sqrt{1 - 2\dfrac{M}{\alpha_1 f_c b h_0^2}}) b h_0}{f_y}$

采用 C30 混凝土：$A_{s30} = 14.3 \delta''$。

采用 C35 混凝土：$A_{s35} = 16.7 \delta''$。

采用 C40 混凝土：$A_{s40} = 19.1\delta'''$。

依据钢筋分析方法，可以得到采用 C40 混凝土时梁的计算钢筋面积是采用 C30 混凝土时梁的计算钢筋面积的 1.34 倍，采用 C35 混凝土时梁的计算钢筋面积则是采用 C30 混凝土时梁的计算钢筋面积的 1.17 倍。另外，无论是采用强度等级较高的钢筋还是高强度混凝土，设计中都可以减小构件的截面尺寸（前面的文献有所介绍），从而可节省混凝土的使用量。

假设 $\delta''' = \alpha_1 \left(1 - \sqrt{1 - 2\dfrac{M}{\alpha_1 f_c b h_0^2}} \right) b h_0$，并考虑同时改变钢筋与混凝土的强度，

钢筋计算面积可表达为：$A_s = \dfrac{f_c}{f_y}\delta'''$。

若采用 C30+HRB335 组合，命名 a 组合：$A_s = 0.048\delta'''$。

若采用 C40+HRB400 组合，命名 b 组合：$A_s = 0.053\delta'''$。

a 组合仅比 b 组合减少 $0.005\delta'''$ 的面积，但是材料强度的提高能够大幅度减少构件截面尺寸。混凝土的质量降低意味着梁设计中的自重在减少，所受荷载将减少，并且可以发现钢筋强度等级的改变相比较混凝土对钢筋面积的计算影响要大。在工程满足要求的前提条件下，也可以采用较低等级的混凝土而尽量采用强度等级较高的钢筋。

梁的箍筋设计需要根据具体受力情况决定是否按照计算进行或规范的构造要求进行。若需计算配置箍筋则受力必须满足：

$$0.7 f_t b h_0 + f_{yv}\frac{n A_{sv1}}{s} h_0 > V \tag{3-5}$$

从式（3-5）可以看出，在遵守规范的构造要求下，不改变剪力值 V，如果提高 f_t 和 f_{yv} 则可以减少钢筋计算面积 $n A_{sv1}$，增大箍筋间距 s。

3.3.2 柱的规范设计

柱子受力形式较多，包括轴心受力构件、偏心受力构件。实际工程中遇到理想的轴心受力情况不多，所以仅讨论偏心受力构件。偏心受力又包括对称偏心受压构件、不对称偏心受压构件、双向偏心受压构件及偏心受拉构件等。民用建筑

以矩形柱最为常见，现以矩形不对称偏心受压构件为说明。柱子一般根据受力情况不同分为大偏心受压构件和小偏心受压构件。

大偏心受压构件纵向受力钢筋面积计算公式如下：

$$A'_s = \frac{Ne - \alpha_1 f_c b h_0^2 \xi_b (1 - 0.5\xi_b)}{f'_y (h_0 - a')} \tag{3-6}$$

$$A_s = \frac{\alpha_1 f_c b h_0 \xi_b + f'_y A'_s - N}{f_y} \tag{3-7}$$

小偏心受压构件纵向受力钢筋面积计算公式如下：

$$\sigma_s = \frac{\xi - \beta_1}{\xi_b - \beta_1} f_y \tag{3-8}$$

矩形不对称偏心受压构件正截面受压承载力应符合下列规定：

$$N \leqslant \alpha_1 f_c b h_0 \xi + f'_y A'_s - \sigma_s A_s \tag{3-9}$$

$$Ne \leqslant \alpha_1 f_c b h_0 \xi (h_0 - \frac{x}{2}) + f'_y A'_s (h_0 - a') \tag{3-10}$$

从式（3-6）~式（3-10）可以看出，若增大强度 f_y 和 f'_y，会减小矩形柱截面的配筋计算面积 A_s 和 A'_s。同样可以采用梁的分析方法得到两种级别钢筋的不同钢筋质量。

按照规范，柱子的偏心受压情况，其斜截面箍筋面积计算公式为：

$$V \leqslant \frac{1.75}{\lambda + 1.0} f_t b h_0 + f_{yv} \frac{A_{sv}}{s} h_0 + 0.07N \tag{3-11}$$

从式（3-11）可以看出，在遵守规范的构造要求下，不改变剪力值 V，如果提高 f_t 和 f_{yv} 则可以减少钢筋计算面积 nA_{sv1}，增大箍筋间距 s。

因此，不论柱子是怎样的偏心受压状况，如果想降低钢筋用量。可以采用提高钢筋强度的方法。应提议普遍采用强度等级较高的钢筋。

3.3.3 基础的规范设计

基础的设计比上部构件要复杂，需要根据地质条件、上部结构受力情况的不同，对基础形式展开讨论。基础的强度、刚度等条件都需要进行检验，所以讨论起来有难度。一般，在普通的场地要求上，柱下独立基础是最为简单普遍的基础形式。因此，此处以最简单的柱下独立基础作为说明，简单了解一下。

柱下独立基础的设计首先是对基础底面进行尺寸设计，设计应符合下列规定：

$$A \geqslant \frac{F}{f_a - \gamma_m d} \tag{3-12}$$

式中：$A=bh$，指基础底面面积；在工程设计中一般采用试算法，$A \leqslant (1.2 \sim 1.4) \dfrac{F}{f_a - \gamma_m d}$。

由式（3-12）可知确定基础尺寸主要是考虑上部荷载和地基情况，因此上部结构应以最小载荷为设计目的，减少对基础的作用强度。梁、柱设计中采用高等级钢筋及混凝土，减轻结构重量是非常有必要的。

经检验确定基础尺寸后，要进行基础的配筋设计，设计应符合下列规定：

$$A_s = \frac{M}{0.9 h_0 f_y} \tag{3-13}$$

所以，基础钢筋面积的减少也同梁、柱一样，应当采用等级较高的钢筋。

由第 2 章中表 2-2 可知，混凝土在生产阶段的 CO_2 排放因子是随着强度等级的提高而增加的。但是，钢材的 CO_2 排放因子是固定不变的。这是由于不同强度等级的钢筋在生产加工过程中，每个环节的加工差异性不明显，所消耗的能量也没有太大区别。这样，每个等级的钢筋在综合评价 CO_2 排放因子时将其视为相同的定值，可以作为一个常量参数。因此，当采用高等级钢筋时，对整个工程使用的钢筋来说用量是在减少的，但是排放因子是不变的，因而使用量就决定了最终的 CO_2 排放量。那么，结构所用钢筋在生产阶段的 CO_2 排放量也是减少的。

利用上述分析方法，下面将针对一个实际的工程案例进行说明。

3.4 案例分析

案例采用一幢三层的钢筋混凝土框架结构，主要有三项任务：
①确定梁、柱、基础的截面尺寸及进行配筋设计。
②计算梁、柱、基础的钢筋和混凝土用量。
③计算梁、柱、基础的 CO_2 排放量。
案例分析中工程的设计部分主要采用 PKPM 设计软件，材料用量的统计主要采用 3-A 预算软件。计算 CO_2 排放量时，可以借鉴第 2 章的分析内容和方法，CO_2 的排放因子则同样采用第 2 章的数据。

3.4.1 案例工程介绍

案例所选建筑工程是一幢位于天津的三层钢筋混凝土框架教学楼。建筑标准层结构平面布置图如图 3-1 所示。教学楼楼层高度为 4m，总建筑面积大约为 2 520.5m²，没有地下室。荷载条件为：

恒荷载：1 ~ 2 层楼：2.55kN/m²；3 层：3.75kN/m²。
活荷载：1 ~ 2 层楼：2.50kN/m²；3 层：2.00kN/m²。

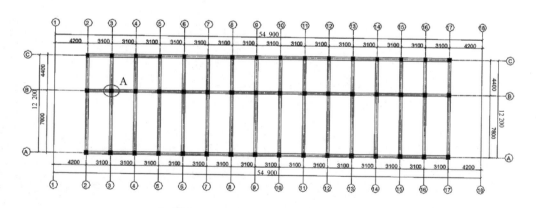

图 3-1 建筑标准层结构平面布置图（单位：mm）

建筑场地为粉质黏土，深度为 2.4m。基于土质类型和深度，选择柱下独立基础类型，地基基础承载力为 130kPa，基础埋深为 1m。

3.4.2　材料的设计选择

采用不同分组形式选用不同等级的钢筋和混凝土，分组以 Analysis-Ⅰ和 Analysis-Ⅱ表示，具体分组、材料选择情况如表 3-1 所示。

表 3-1　具体分组、材料选择情况

分组	梁	柱	基础
Analysis-Ⅰ	HRB335+C35	HRB335+C40	HRB335+C30
Analysis-Ⅱ	HRB400+C50	HRB400+C50	HRB400+C30

3.4.3　工程设计与材料用量统计

本案例采用 PKPM 设计软件，设计流程按照框架结构形式，遵守国家规范条例，以相同方法对 Analysis-Ⅰ和 Analysis-Ⅱ进行设计。所有参数都按照上述条件输入，两组设计中数据相同，改变的参数也只是钢筋和混凝土的强度等级。设计中主要讨论框架的承重构件：梁、柱、基础。最终构件的设计尺寸和配筋情况以图 3-1 中所示的 3 轴和 B 轴相交处的梁、柱、基础为例说明（如图 3-1 中的 A 所示），具体设计情况如图 3-2 ~ 图 3-6 所示。

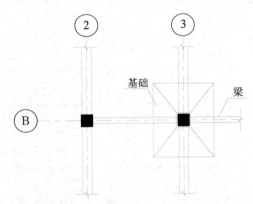

图 3-2　图 3-1 中 A 处梁、柱、基础平面布置图

本案例依据 PKPM 软件的 SATWE 模块计算设计，Analysis-Ⅰ和 Analysis-Ⅱ中梁、柱截面配筋图分别如图 3-3 和图 3-5 所示。基础所受荷载及配筋图分别如图 3-4 和图 3-6 所示。

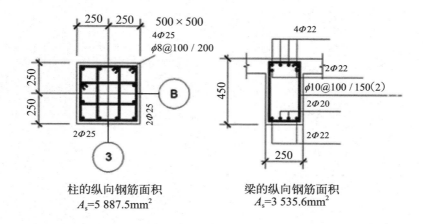

(a) 柱截面配筋图　　　　　(b) 梁截面配筋图

图 3-3　Analysis- I 中梁、柱截面配筋图（单位：mm）

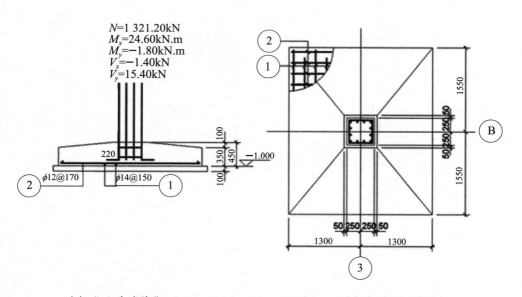

(a) 独立基础荷载面　　　　　(b) 独立基础配筋图

图 3-4　Analysis- I 中独立基础荷载及配筋图（单位：mm）

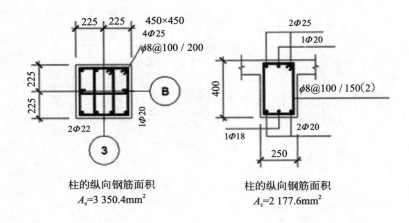

柱的纵向钢筋面积
A_s=3 350.4mm²

柱的纵向钢筋面积
A_s=2 177.6mm²

(a) 柱截面配筋图　　　　　　　　　(b) 梁截面配筋图

图 3-5　Analysis- Ⅱ中梁、柱截面配筋图（单位：mm）

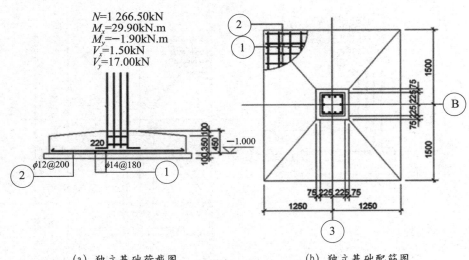

(a) 独立基础荷载图　　　　　　　　(b) 独立基础配筋图

图 3-6　Analysis- Ⅱ中独立基础荷载及配筋图

在图 3-3～图 3-6 中，对梁、柱截面配筋图和独立基础配筋图中同一位置进行比较，情况汇总如下：

梁截面如表 3-2 所示。

表 3-2　梁截面情况汇总

分组	截面尺寸	钢筋使用		
		上部纵筋	下部纵筋	箍筋
Analysis- I	250mm × 450mm	4 ϕ22+2 ϕ22	2 ϕ22+2 ϕ20	ϕ10@100/150, A_s=3 535.6mm^2
Analysis- II	250mm × 400mm	2 ϕ25+1 ϕ20	2 ϕ20+1 ϕ18	ϕ8@100/150, A_s=2 177.6mm^2

从汇总结果可以看到，Analysis- II 的截面高度比较 Analysis- I 减少了 50mm，纵向钢筋面积减少了 1358mm^2，并且采用的钢筋直径也偏小。Analysis- I 的上部钢筋为两排形式，而 Analysis- II 只存在一层，Analysis- II 保护层的厚度可以相对较小。Analysis- I 采用的箍筋直径为 10mm 而 Analysis- II 的箍筋直径则采用的是 8mm，减小了 2mm。

柱截面情况如表 3-3 所示。

表 3-3　柱截面情况汇总

分组	截面尺寸	钢筋使用	
		周边布置钢筋	箍筋
Analysis- I	500mm × 500mm	12 ϕ25	ϕ8@100/200, A_s=5 887.5mm^2
Analysis- II	450mm × 450mm	4 ϕ25+4 ϕ22+2 ϕ20	ϕ8@100/200, A_s=3 350.4mm^2

结果显示，Analysis- II 采用的截面四边长度均比 Analysis- I 减少 50mm，纵向钢筋面积减少了 2 537.1mm^2，采用的钢筋直径部分也在减小。

基础荷载与配筋情况汇总如表 3-4 所示。

表 3-4　基础荷载与配筋情况汇总

分组	荷载	基底截面尺寸	基底配筋情况
Analysis- Ⅰ	M_x=24.60kN·m M_y=-1.80kN·m V_x=-1.4kN V_y=15.4kN N=1 321.20kN	2600mm × 3100mm	ϕ12@170， ϕ14@150
Analysis- Ⅱ	M_x=29.90kN·m M_y=-1.90kN·m V_x=1.5kN V_y=17.0kN N=1 266.50kN	2500mm × 3000mm	ϕ12@200， ϕ14@180

　　基础的设计荷载表明，Analysis- Ⅰ和 Analysis- Ⅱ的基础内力中弯矩、剪力情况相对接近，但是 Analysis- Ⅱ的轴力比 Analysis- Ⅰ减小了 54.7kN。而轴力是决定基底尺寸及埋深的关键，并且也影响着基础钢筋的布置情况。所以 Analysis- Ⅱ基底四边长度均比 Analysis- Ⅰ减少了 100mm，配筋纵、横双向相邻间距都增加了 30mm。

　　通过上述分析，可以看到设计结果的 Analysis- Ⅰ和 Analysis- Ⅱ在 A 处的各构件已经存在明显的差异。无论是钢筋还是混凝土，Analysis- Ⅱ比 Analysis- Ⅰ都有一定量的减少。下面将对整个工程的材料用量进行对比，具体两组设计的用量比较见表 3-5。

表 3-5　工程钢筋与混凝土用量比较

分组	混凝土／m³				钢筋／t
	梁	柱	基础	总量	
Analysis- Ⅰ	169.79	146.25	132.50	448.54	70.35
Analysis- Ⅱ	144.02	110.76	127.21	381.99	50.25
节约百分比/%	15.18	24.27	3.99	14.84	28.57

注：节约百分比是 Analysis- Ⅱ相对 Analysis- Ⅰ 的节约率，

$$节约百分比 = \frac{\text{Analysis I} - \text{Analysis II}}{\text{Analysis I}} \times 100\%。$$

36

上述 Analysis-Ⅰ和 Analysis-Ⅱ中的结构设计部分，采用 PKPM 软件根据相同的设计参数，遵照国家规范，确定了构件截面尺寸和钢筋直径、数量及分布情况。将这些结果参数导入 3-5 工程预算计算软件模块中进行材料用量的计算。

3.5　案例 CO_2 排放量计算

3.5.1　材料在生产阶段的 CO_2 排放量计算

本节主要计算的是钢筋和混凝土的 CO_2 排放量，而混凝土的主要耗能材料为水泥。计算每吨水泥标准煤综合消耗量，除应包括熟料综合煤耗，混合材烘干煤耗以外，还应包括为水泥生产直接服务的其他煤耗，如机修车间烘炉用煤、蒸汽锅炉用煤。原煤在粉磨过程中，用收尘办法回收的煤粉重新用于生产时应计算消耗，用于生产其他产品或用于生活福利时，则应扣除。

企业为了比较不同品种、标号水泥的标准煤综合消耗量，可以按不同品种、标号计算消耗量。

能耗与 CO_2 之间的转换关系为：1kg 标准煤 =2.493kgCO_2。

表 2-2 中已经提供了多种主要工程材料的 CO_2 排放因子，结合表 3-5 中本工程案例的材料用量统计数据，可以计算在 Analysis-Ⅰ和 Analysis-Ⅱ中所用钢筋和混凝土在生产阶段的 CO_2 排放量，计算结果见表 3-6[56]。

表 3-6　Analysis-Ⅰ和 Analysis-Ⅱ中钢筋、混凝土生产阶段 CO_2 排放量

分组	混凝土 /t	钢筋 /t	总和 /t	单位面积排放量 / (kgCO_2/m²)
Analysis-Ⅰ	130.35	182.91	313.26	124.29
Analysis-Ⅱ	123.52	130.65	254.17	100.84
节约百分比 /%	5.24	28.57	18.86	18.87

注：节约百分比意义同表 3-5。

从表 3-6 中的结果可以看到混凝土的设计分组 Analysis-Ⅱ比 Analysis-Ⅰ的 CO_2 排放量减少了 6.83t，而钢筋的设计分组 Analysis-Ⅱ比 Analysis-Ⅰ的 CO_2 排放量减少了 52.26t。可见提高材料的强度等级以后，钢筋的低碳优势要明

显高于混凝土，是工程的主要贡献者。所以在工程设计中要尽量节省钢筋用量，在施工中要避免不必要的浪费。单位面积的排放量比较数据显示，Analysis－Ⅱ比 Analysis－Ⅰ减少了 23.45kg/m²。

3.5.2 材料在加工阶段的 CO_2 排放量计算

由于混凝土的生产过程已经囊括了加工成为成品的环节，因此不再重复计算其加工阶段的 CO_2 排放量。但是，钢材需要进一步加工成为钢筋，需要考虑加工阶段。结合表 2-4 中钢筋加工阶段 CO_2 排放系数（β_i=0.237）和表 3-5 中钢筋用量，计算钢筋在加工阶段的 CO_2 排放量，结果如表 3-7 所示。

表 3-7 Analysis－Ⅰ和 Analysis－Ⅱ中钢筋加工阶段 CO_2 排放量

分组	钢筋 /t	单位面积排放量 / （kgCO₂/m²）
Analysis－Ⅰ	16.67	6.61
Analysis－Ⅱ	11.91	4.72
节约百分比 /%	28.55	28.59

注：节约百分比意义同表 3-5。

从表 3-7 中的结果可以看到钢筋在加工阶段的 CO_2 排放情况。钢筋的设计分组 Analysis－Ⅱ比 Analysis－Ⅰ的 CO_2 排放量减少了 4.76t，单位面积的排放量比较数据显示，Analysis－Ⅱ比 Analysis－Ⅰ减少了 1.89kg/m²，节约百分比为 28.59%。

3.5.3 材料在运输阶段的 CO_2 排放量计算

货物运输体系中所有材料的运输一般采用铁路、公路和水路三种方式，本节应用文献[44]中的运输方式比率、运输能源消耗量和运输能源碳排放系数，进行材料在运输阶段的 CO_2 排放量计算。文献[44]中已经给出了钢材的运输碳排放量因子：15.86kg/t。而普通混凝土由水泥、砂、石等组成，根据《普通混凝土配合比设计规程》（JGJ 55—2011）以及第 2 章的表 2-2 内容（生产阶段 CO_2 排放因子：水泥 0.73t、砂子 0.009t、石子 0.014t），可知水泥生产阶段 CO_2 排放因子中所占比例最大。因此，以水泥作为混凝土运输计算的标准。根据《中国统计年鉴 2010》，可查询 2008 年、2009 年按货物分类国家铁路货物运输量。水泥平均运输距离为 446km。依照式 (2-4) 可得混凝土在运输阶段的 CO_2 排放因子为：6.17kg/t。计算过程中在单位转换时，采纳混凝土的容重为 $25kN/m^3$。分别计算混凝土和钢筋在不同设计分组中的 CO_2 排放量，其结果见表 3-8。

表 3-8　Analysis- I 和 Analysis- II 中钢筋、混凝土运输阶段 CO_2 排放量

分组	混凝土 /t	钢筋 /t	总和 /t	单位面积排放量 / $(kgCO_2/m^2)$
Analysis- I	6.92	1.12	8.04	3.19
Analysis- II	5.89	0.80	6.69	2.65
节约百分比 /%	14.88	28.57	16.79	16.93

注：节约百分比意义同表 3-5。

从表 3-8 中的结果可以看到混凝土与钢筋在运输阶段的 CO_2 排放情况。混凝土的设计分组 Analysis- II 比 Analysis- I 的 CO_2 排放量减少了 1.03t；钢筋的设计分组 Analysis- II 比 Analysis-I 的 CO_2 排放量减少了 0.32t。单位面积的排放量比较数据显示，Analysis- II 比 Analysis- I 减少了 $0.54kg/m^2$，节约百分比为 16.93%。

3.5.4　材料在回收阶段的 CO_2 排放量计算

由于大多数废弃混凝土在回收之后通常作为路面结构垫层等处理，即使是经过处理作为新混凝土的组成颗粒，也在一定程度上影响了混凝土的各种力学性能。另外，各国对混凝土的回收利用程度受到技术水平的限制而无法达到相同。金属一般都可以进行回收利用，例如，Evangelos Efthymiou[57] 认为铝合金具备耐用性和可回收性等环保特性，欧洲国家的铝合金外墙系统，相较其他形式可减少 50% 的能耗。所以，本章仅对钢筋的回收利用进行计算。结合表 2-4 中钢筋回收 CO_2 排放系数和表 3-5 中钢筋用量，计算回收阶段 CO_2 排放量，结果见表 3-9。

表3-9 Analysis-Ⅰ和Analysis-Ⅱ中钢筋回收阶段CO_2排放量

分组	钢筋/t	单位面积排放量／($kgCO_2/m^2$)
Analysis-Ⅰ	-63.32	-25.12
Analysis-Ⅱ	-45.23	-17.94

从表3-9中的结果可以看到钢筋在回收阶段的CO_2排放情况。回收阶段是唯一造成CO_2负增长排放的阶段。由于Analysis-Ⅰ所消耗的钢筋比Analysis-Ⅱ多，其回收过程中降低的CO_2排放量要比Analysis-Ⅱ多。

3.5.5 材料在整个循环过程中的CO_2排放量计算

根据表3-6～表3-9可以绘制出CO_2排放量的柱状图，如图3-7～图3-10所示。四幅图可以清楚地比较材料在每个狭义物化能阶段CO_2排放量的相对情况。

根据第2章的式（2-1），可以计算钢筋和混凝土在整个全生命周期中狭义物化能概念下的CO_2排放量。计算结果见表3-10。

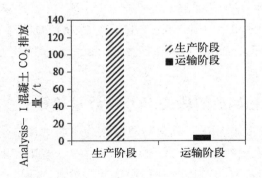

图3-7 Analysis-Ⅰ混凝土CO_2排放量

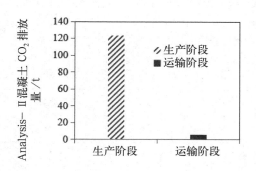

图 3-8　Analysis-Ⅱ混凝土 CO_2 排放量

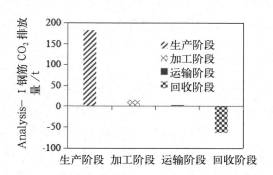

图 3-9　Analysis-Ⅰ钢筋 CO_2 排放量

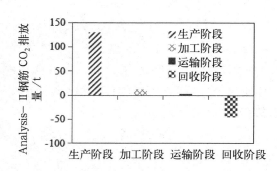

图 3-10　Analysis-Ⅱ钢筋 CO_2 排放量

表 3-10　Analysis-Ⅰ和 Analysis-Ⅱ中材料在整个过程中的 CO_2 排放量

分组	混凝土 /t	钢筋 /t	总和 /t	单位面积排放量 / $(kgCO_2/m^2)$
Analysis-Ⅰ	137.27	137.38	274.65	108.97
Analysis-Ⅱ	129.41	98.13	227.54	90.28
节约百分比 /%	5.73	28.57	17.15	17.15

注：节约百分比意义同表 3-5。

从表 3-10 可以看到材料在整个过程中的 CO_2 排放情况。混凝土的设计分组 Analysis-Ⅱ比 Analysis-Ⅰ的 CO_2 排放量减少了 7.86t；钢筋的设计分组 Analysis-Ⅱ比 Analysis-Ⅰ的 CO_2 排放量减少了 39.25t。总体的情况是 Analysis-Ⅱ比 Analysis-Ⅰ的 CO_2 排放量减少了 47.11t。单位面积的排放量比较数据显示，Analysis-Ⅱ比 Analysis-Ⅰ减少了 $18.69kg/m^2$，节约百分比为 17.15%。

通过表 3-6 ～表 3-9 的具体计算结果以及图 3-7 ～图 3-10 可以看到，本工程中混凝土与钢筋在生产阶段的 CO_2 排放量是最大的，在运输阶段的 CO_2 排放量是最小的。并且由于钢筋在回收阶段所做的贡献，使得钢筋在最终的 CO_2 排放量上与混凝土相等（Analysis-Ⅰ）甚至减少了很多（Analysis-Ⅱ）。从表 3-10 可以看出，改变混凝土与钢筋的强度对钢筋的 CO_2 排放产生的影响要大于对混凝土的影响。

截至 2009 年底，我国城市人均住宅建筑面积约 $30m^2$，农村人均居住房面积约 $33.6m^2$。按照这一统计数据，用 Analysis-Ⅰ和 Analysis-Ⅱ的设计计划，假定所有设计情况都符合本工程案例，那么采用 Analysis-Ⅱ比采用 Analysis-Ⅰ的我国城市人均住宅建筑 CO_2 排放量可减少 $560.7kg/m^2/$ 人，农村人居住房 CO_2 排放量可减少 $627.98kg/m^2/$ 人。由一个工程案例的单位面积碳节约量推至整个中国的住房建筑面积，其 CO_2 排放量将是一个庞大的数字，因此提倡采用强度等级较高的建筑材料是非常有必要的。

另外，也有一些关注类似问题的研究，能够更加说明本章分析的必要性，具体案例数据见表 3-11。

表 3–11　三个案例钢筋比较

案例	A（本案例）	B（板）[58]	C（墙）[20]
低等级	27.91t (HRB335)	15.38t (HPB235)	21.18t (HRB335)
高等级	19.94t (HRB400)	11.54t (LL550)	21.11t (HRB400)
节约百分比 /%	28.57	24.97	0.33

本案例中计算的是梁、柱、基础，B 方案中计算的是板，C 方案中计算的是墙。所以，对案例中存在的主要构件，采用强度等级高的钢筋都能够在不同程度上降低 CO_2 的排放量。

3.6　小结

通过上述系统地寻找节省钢筋用量的原因以及对一个具体工程整体设计的分组讨论，比较了两个设计分组 Analysis- I 和 Analysis- II 的钢筋、混凝土的主体受力构件用量和 CO_2 排放量，得到了以下结论：

①根据规范公式的初级讨论发现，提高构件的钢筋强度可以不同程度地降低钢筋配筋计算面积，从而达到节省钢材的目的。案例说明：采用 HRB335 时计算钢筋面积是 HRB400 计算钢筋面积的 1.2 倍。若设计环境是理想状况，工程中梁截面采用 HRB335 的钢筋要比采用 HRB400 的钢筋多消耗 20% 质量的钢材。

②部分构件通过提高混凝土强度可以达到减小配筋计算面积的目的，但是有些构件则会导致提高配筋计算面积。但是，在提高混凝土强度的同时，既可以通过减小构件截面尺寸的方式，减小构件的自重从而使构件内力减小，也可以减小配筋计算面积。

③在表 3–6 中列出的各等级混凝土 CO_2 排放量中，C50 比 C40 减排 5.24%，而在表 3–5 中采用 C50 的构件混凝土体积要比 C40 节约 14.84%。因此，混凝土碳排放量计算结果表明提高强度等级还是能够起到减少 CO_2 排放量的效果的。在混凝土的生产阶段，Analysis- II 比 Analysis- I 可减少 6.83t 的碳排放量，节约百分比是 5.24%。

④通过比较表 3-6 ～表 3-9 的计算结果以及图 3-7 ～图 3-10 会发现，案例工程中混凝土与钢筋在生产阶段的 CO_2 排放量是最大的，在运输阶段的 CO_2 排放量是最小的。

⑤生产阶段的 CO_2 排放量是最大的，它决定了材料在整个狭义物化能概念下的综合耗能情况。表 3-6 中无论是 Analysis-Ⅰ还是 Analysis-Ⅱ都显示钢筋的排放量要大于混凝土，但是在表 2-5 的最终结果中钢筋的 CO_2 排放量却与混凝土持平（Analysis-Ⅰ）甚至有所减少（Analysis-Ⅱ）。这主要是由于钢筋在回收过程中实现了对 CO_2 的负增长。由此可见，回收对于降低 CO_2 排放量的重要性。

⑥由于钢筋的碳排放量系数没有强度等级之分，因此，只要减少材料用量，CO_2 排放量就会降低。钢筋 CO_2 排放量的计算结果通过表 3-10 表明：钢筋的设计分组 Analysis-Ⅱ比 Analysis-Ⅰ的 CO_2 排放量减少了 39.25t，节约百分比是 28.57%。

⑦通过表 3-10 可以看出，在改变材料的强度等级之后，对比 Analysis-Ⅱ和 Analysis-Ⅰ的 CO_2 排放量，钢筋可节省 28.57%，混凝土可降低 5.73%。因此，通过改变材料强度等级来降低 CO_2 排放量的方法，对钢筋的影响要大于对混凝土的影响。所以，本工程中钢筋是主要的低碳贡献者。

⑧案例工程单位面积计算结果通过表 3-10 表明：Analysis-Ⅱ比 Analysis-Ⅰ可减少 $18.69 kg/m^2$ 的碳排放量，节约百分比是 17.15%。

第 4 章　框架轴网设计
与 CO_2 排放量分析

4.1　框架网格划分的前提

4.1.1　结构优化设计研究概述

建筑结构随着科技的进步，不断向复杂构造方向发展。结构在受力复杂的情况下，往往需要消耗大量的建筑材料。对于一个新的建筑结构，应该采用什么样的结构类型，怎样的结构布局以及结构构件尺寸的确定都是可以进行优化选择的。由于建筑结构受力性质及状态的差别，现代建筑理论针对不同情况发现了不同的建筑材料同时也开创了新型的结构体系，例如，由框架结构延伸的框架—剪力墙结构、剪力墙结构、框架—筒体结构等。但是，无论采用怎样的结构体系，选择一种合理的设计方案在传统方法下都需要长时间的研究。因此，如何在较短时间内找到优化设计是许多建筑师与工程师所共同探讨的。

一般传统的结构设计理念，首先根据工程师的实际经验，给出或者假定一种认为较为"合理"的设计方案；其次参考工程规范，利用力学等方法对给定的设计进行结构上的分析和计算；最后检验结构设计的合理性，着重考察结构的强度、刚度、稳定性以及安全性等方面的诸多要求。如果结构达不到标准条件，则需要重新对设计进行计算校核，直到方案满足规范要求为止。像这种"试算—验证—修改"的设计流程，不仅耗费时间且没有准确的数值比较说明确定的方案为最优设计，而且目前的建筑指标一般都不会将材料的 CO_2 排放量作为考核对象。上述经验设计同样也无法考量结构设计的碳排放量情况。

一般情况下，一个结构可以有多种不同的方案进行选择，这些方案最终都可以实现一个建筑。从所有可能得到的建筑设计方案中选择一种最满意的设计是最理想的，这就是结构优化设计的思想来源。

结构优化设计对于建筑设计理论的发展起着重要的作用。其思想理念不只是追求体积或者重量的最佳状态，在最大限度地考虑设计、经济、安全等因素的同时，更多地关注如何让建筑达到一种资源的最合理分配。现代建筑的设计理解大多仅聚焦于经济效益下的最大利益设计。以往经济利益的驱使下，许多业主进行工程评定通常是按照每平方米的指标来控制工程的成本定额，这显然带来了很大收益，与更早的设计方法相比，以经济为前提的优化设计可以使工程造价降低至原来的 5% ~ 25%[59~61]。但是，这种理解方式在现今强调绿色建筑的大环境下已经不再适用。

4.1.2　国内外结构优化设计研究

下面将介绍目前多以经济效益为前提的国内外结构优化研究。

吴剑国、曹骥[62]等在连续变量复合形算法的基础上，以腹板高、厚，翼缘宽、厚为变量采用平均值舍入法获取离散点，将复合形迭代过程和停机准则有效结合并进行了改进，使之成为一种能直接求解离散变量优化解的方法。研究人员将这种方法应用于同济大学开发的关于钢结构杆系结构 CAD 软件——3D3S 中，通过端口结合建立了适用于门式刚架结构的离散变量优化的数学模型，简单实用，实现了门式刚架结构的优化目的，最终使案例刚架每榀节省钢材 1.03t，用钢量下降 25%，取得了较好的优化效果。

郭鹏飞、韩英仕[63]等提出了混合离散变量结构优化的遗传算法，将优化问题转化为生物进化的过程，采用优胜劣汰的机制来获得优化问题的最优解。并将该方法应用于高层建筑的箱式基础结构。将该高层建筑箱式基础的高、顶、底板厚等变量进行优化。使得结构质量由最初的 66.92t 减少为 66.61t。

孙树立、袁明武[64]以有限元分析为基础，有机地结合了多种优化准则。他们将结构构件的截面尺寸作为变量，并设定构件单元的强度、多层间的偏转角和位移以及构件单元尺寸为优化的限制约束，求解以结构质量为目标函数的最优解。说明案例是一个 12 层、高 39.6m 的平面框剪结构，应用此方法后，梁截面由最初的尺寸 0.4m×0.5m，优化为 0.2m×0.3m，结构质量由初始的 322.60t 变为160t。

国外的相关研究也有很多。例如：Hong Seok Lim[65]等采用两阶段拓扑优化方法，在一个框架实体的 4 个方案中，对构件的高、宽、厚进行优化。以四个方案中的其中一例为说明。框架质量由 0.50t 减少为 0.38t，减少了 24%。

S. Kravanja 与 T. Zˇula[66]将同步成本、拓扑和标准截面三种优化方法相结合，运用混合整数非线性编程方法（MINLP），寻找单层钢框架的最少结构材料和劳动成本。案例的单层工业厂房宽 24m，长 82m，高 5.5m，最终获得的最佳优化结果材料及人工成本为 235 619 欧元，柱截面面积为 321cm^2，梁面积为 212cm^2，檩条面积为 38.8cm^2，质量为 121.56t。

William F. Baker[67] 等将结构刚度、固有周期及质量作为变量，运用能量基础算法决定材料的合理分配方式，以获得最大成本效益。分析的对象是南迪尔波恩塔。南迪尔波恩塔位于美国迪尔伯恩和麦迪逊街的东南角，100 层的超高层建筑，并含有 2 层地下室，建筑面积高达 176 200m^2。在组合构件给定了偏转角度和周期限制的情况下，修正挠度标准，确定最低的成本方案。

Luisa María Gil-Martín[68] 等人基于美国混凝土设计新规范，考虑构件截面的最佳钢筋选择问题的优化，即 $A_s + A'_s$ 最小。实体建筑中，筛选 $\dfrac{N_n}{bhf_c} = 0.2$，

$\dfrac{M_n}{bh^2 f_c} = 0.2$ 时，得到优化面积最佳：$A_s = 3331mm^2$，$A'_s = 380mm^2$，钢筋面积达到最小。

Mohsen Kargahi[69] 等采用紧急搜索方法针对骨架结构的质量进行优化。在非线性非凸优化问题中找到一个最小值，将二维框架的结构质量最小化。应用于 3 层、9 层、20 层三个设计框架中，结果显示，三个结构质量平均降低 23.4%。

关于优化研究也不都是旨在降低结构的质量或者达到一定的经济效果。关于结构计算精度和简便计算方法的优化分析也有很多，举例说明：

S. Pourzeynali 与 M. Zarif[70] 采用遗传算法，寻找基础隔振系统的最优参数，以尽量减少建筑顶层的侧向位移和地震效应。这些参数主要针对的是质量、刚度和阻尼。为了最小化目标参数，使用一个快速的精英单程排序遗传算法建立一组帕累托最优解决方案。

Ramana V. Grandhi 和 Liping Wang[71] 的贡献是在多学科环境中，基于可靠性进行结构优化。通过极限状态函数，利用两点的自适应可靠性分析实现非线性的逼近。运用两点间的一阶梯度极限状态函数及其函数值，构造非线性逼近状态，并在两类结构问题中，实现了安全指标的计算和结构成本的优化。具体框架结构的优化运算，更验证了此方法的有效性。

M. Bruyneel[72] 等在上述梯度优化方法的基础上，提出了一种新的一阶逼近函数优化方法。基于移动渐近线法（MMA）和全局收敛移动渐近线法（GCMMA），对两个连续设计点采用梯度函数求解方法，以提高求解精度。该方法可以同时考虑单调性与非单调性两种结构行为。经过这种特殊处理的函数，其中一个近似值

或者两者的组合形态可以做到自动筛选。因此，求解精度不但得到改善，求解速度也得到了提高。并且，他们还利用该方法对桁架结构形态和复合材料的性能进行了优化，用事实说明了问题。

另外，在具体设计方案中，满足几个相互冲突的标准，特别是经济和环保性能是非常困难的。Weimin Wang[73]等曾提出一种多目标优化模型，以协助绿色建筑设计师。利用多目标遗传算法，Weimin Wang 他们对位于蒙特利尔的一幢单层办公楼进行了优化算法设计，并找到了最佳的绿色建筑解决方案。这与本书所阐述的宗旨不谋而合。

D. Nha Chu[74]等提出刚度约束问题中使用渐进结构优化方法，不仅可以模拟结构构造，同时也可以进行拓扑优化。文献中主要讨论了这种渐进优化方法对网格尺寸划分及构件类型的优化影响。本章的主要内容就是关于网格划分的内容。

从以上文献可以看出，结构优化理论的研究已经有了比较完善的概念，在很多领域得到了成功的应用，收到了显著的效果。同时，随着学科的多元化深入，研究人员还开发出了专业化较强的以优化为本质的功能性大型有限元软件。例如MIDAS 在对钢筋混凝土结构设计配筋、钢结构设计时都有优化功能。但是，由于建筑结构存在多工况、多变量、多约束等复杂情况，针对离散变量的优化问题存在大量的不确定性。另外，建筑结构体系日趋复杂，规范的构造要求也越来越繁多、完善，结构形式及构件形式琳琅满目，使得优化结构的研究及应用面临的境况更加困难。

4.1.3　结构优化设计的目的

从众多国内外优化研究中可以看到，大多数优化效果的初衷都是基于经济的考虑，也就是"投资－效益"准则。这一准则反映了现代结构设计理念伴随社会需求的转变。它的目的是不再仅仅注重结构安全，而是向着全面的方向发展，比如性能、安全性、可靠性、经济性等诸多方面。结构设计的准则是按照结构的性能要求，在考虑当前社会资源、自然资源、社会文化等一系列条件的前提下进行挑选，使建筑工程在整个建筑生命周期内的费用最小。

从以上关于结构优化的论述中可以看出，建筑行业在进行结构优化时只集中于建筑经济领域，而没有考虑到优化带来的社会效益。社会效益是指科学研究成果对社会各方面，包括科技、政治、文化、生态、环境等所做出或可能做出的贡献[75]。例如风力发电、水力发电等自然电力社会效益，可以定义为电能服务效益、容量服务效益以及环境效益[76]。鉴于目前人类文明的发展程度，社会效益中应当考虑的是环境效益，建筑行业也不例外。建筑行业的环境效益主要是指建筑的全生命周期内，最大限度地节约自然资源、社会资源、减少建筑污染，为人们提供健康、舒适生活环境[77]。因此最大限度地节约自然资源、保护环境是结构优化应当满足的环境效益之一。那么，本章主要讨论的问题就是从结构设计优化出发，寻求建筑方案的环境效益。

4.1.4　结构优化设计的层次

结构优化设计主要包括三个层次。如果结构类型已经框定，建筑材料、结构布局和构件的几何形状等是固定不变的参量，则构件的截面尺寸将成为优化结构变量，通常的类似优化称为尺寸优化即初级层次；如果将结构的几何形状作为变量进行优化设计，则优化即进入了一个较高的层次，称为结构的形状优化；如果是对结构的平面布局等复杂形式进行优化，优化则进入最高层次，称为拓扑优化。初级层次尺寸优化的目的通常是对某个构件的尺寸选择进行比较，例如，寻找弹性板的最优厚度或者桁架的最优截面面积。形状优化设计的目的则是在设计流程中寻找最优的设计截面形状。建筑结构拓扑优化问题研究则要涉及结构的布局形式，例如，如何确定连续梁体内的洞口位置和形状等[78-81]。

本章讨论的既不是传统意义上的局部优化方法，也不是基于复杂的高等数学理论或者限元的方法。本章的研究对象是整体的建筑结构，以基础规范公式为工具展开讨论。

4.2　轴网设计的内容及目的

本章主要对建筑结构布局上的方案进行比选优化，不同的网格划分方式形成不同的材料用量。以建筑结构的环境效益为出发点，目的是找到最为节能减排的布局设计。

由于目前求解变量优化问题时可以将结构的几何参数、材料质量直接进行优化分析[82]，本章选取经过网格划分之后形成的板的划分数量 n 作为优化的变量。目前，通常选用的建筑形式是钢筋混凝土结构，因此，本章进行优化分析时采用的是钢筋混凝土结构的地上构件。结构的受力构件中，由于板不仅直接承受荷载作用，还将荷载传递、分配给其他连接构件，并最终影响整个建筑上部的受力情况及地下基础的设计。因此，应对板进行设计改动。一个整体建筑会因为微小的改动而发生质的改变，情况越多讨论的范畴也会越大，困难也将提高。因此，需要进行模型设定并加强约束条件，在一个较小的范围内审视整个设计的优化。

本章将针对网格划分的不同形式，对结构设计带来的影响展开讨论。首先，介绍一下具体的讨论步骤。

①建立模型，设置限制条件以及设计参数。

②以基本公式为出发点，在模型及限制条件下进行公式推导。

③利用导数求解并利用 Matlab 软件对设计进行优化求解。

④以具体案例检验公式推导的可行性。

⑤通过多方案碳排放量的比较，说明优化方案的优越性。

4.3　模型的建立及限制条件

将整体框架作为对象，网格划分的数量 n 作为变量，在设计过程中会涉及一些复杂的荷载变换以及力的传递方式等情况。所以，在此设定一个理想的设计环境，进行条件约束。

①结构类型指定为简单的一层框架体系。多层框架体系中，存在内力的传递，情况复杂多变，无法控制。选择的框架长度为 L，宽度为 l_y。L 的纵向长度远大于横向长度 l_y，因此纵向长度刚度远大于横向刚度。将 L 等距离划分成 n 个长度为 l_x（$L=nl_x$）的梁单元，则整个框架的板也进行了对应的数量划分，并且每块板的面积是相等的。在每个梁的分割节点处，都设有一根柱，形成每个划分板四边梁、四根柱的单元体系。模型框架柱下端边界条件为固端。横向的长度 l_y 不进行分割，为长度不变的梁单元。对于设计需要考虑的其他参数则假定为固定不变值。设计模型的具体结构形式如图 4-1 所示。

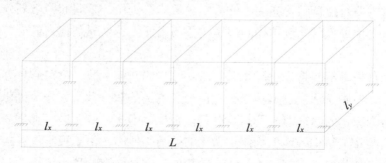

图 4-1　设计模型的具体结构

②在图 4-1 的模型上施加面荷载 q'，q' 是恒荷载与活荷载的组合值。具体取值可以根据结构的不同设计功能，参照《建筑结构荷载规范》（GB 50009—2012）进行取值。所以，在给定建筑中 q' 是一个定值，需要在设计之前进行计算。

③结构的受力情况在每一种建筑中都不相同，所遇到的具体问题缤纷复杂。在此问题的讨论中，为了能够清楚地表达设计，选取的都是单一的情况，例如：纵、横向承重体系中，板设定为双向板，四条边都传递荷载，因此规定 $\dfrac{l_x}{l_y} < 3$。设计荷载的传递路线简单概述如下：板将直接承受的面荷载按照梯形或者三角形的方式传递到相邻的梁上，梁的内力再由节点平均分配到连接的柱子上，这样荷载的传递路线会明确简单，设计计算也会更加方便处理。

④构件设计方法的确定：板的设计按照弹性理论计算方法进行；梁仅采用单筋受力截面的计算形式；柱按照受压构件的设计进行，并且按照大偏心和小偏心两种情况分别讨论。

⑤设计过程及结果均认为是在符合配筋要求的情况下展开的，构件都是适筋计算，配筋率在最小配筋率和最大配筋率之间。

⑥设计计算中，由于某些构件在跨中和支座处，所受内力值及内力方向有所不同，实际设计需要分别对待。但是在本章的函数式中，不再区分构件位置，为表达简单、清楚，统一标准，取最大内力值。

⑦由于更多的因素考虑不利于设计的表达，因此对于规范中要求的特殊部位需要做出适当的构造要求，在此将不涉及。但是在板的设计中，本章考虑了负筋布置对整体计算的影响情况。

⑧模型设计不考虑地震、温度、收缩应力、构造要求和设计经验等因素，并且认为荷载为普通情况，没有特殊的地质构造条件。因此结构的设计是理想状态下产生的，与实际工程存在一定的误差，但在一个层面上反映了建筑结构的优化方式。

⑨模型按照网格进行划分，将板分割为独立的单元。计算配筋时板、梁、柱都是独立存在的，以个体为单位。例如，在板的设计中，计算按照独立板单元进行。

⑩结构计算是在满足截面承载力、挠度控制、裂缝宽度验算要求下进行的。

⑪在实际工程中，钢筋的截断、搭接等情况需根据实际情况定夺。本章设计为简单计算体积钢筋 V，认为钢筋均在构件内通长布置。例如，板中钢筋长度为板两个方向的边长。

⑫横向承重体系的网格划分数量为 n，主要影响 l_y 方向梁、柱的数量变化。l_x 一般是连系梁，在平行方向中，柱的数量较多，横向框架的刚度较大，受风荷载等影响较小。因此，梁、柱计算只考虑 l_y 方向的变化[83]。l_x 方向不产生配筋计算的变化，认为充分使用了混凝土的抗压性能（$\xi = \xi_b$），配筋计算与 n 无关。

⑬在公式推导时的不同构件中，通常会涉及相同意义的字母。为便于区别，将使用英文单词首字母做下标进行区别。例如，板（slab）、梁（beam）、柱（column）。若钢筋抗拉强度设计值为 f_y，在板中抗拉强度设计值表示为 f_{ys}，梁中为 f_{yb}，柱中则为 f_{yc}。

⑭计算单位的统一。设计中公式使用的单位为 mm、N 等。但是，在最终计算结果中，钢筋质量采用的单位为 kg/m^2。

4.4 优化设计

4.4.1 优化设计步骤

①根据规范，针对模型提出三个构件（板、梁、柱）截面钢筋面积 A 的广义设计公式。

②将基本的计算公式转化为带有 n 自变量的模型公式，建立变量 n 与钢筋面积 A 之间的关系。利用前面所说的通长布置钢筋的说明，进而构造变量 n 与钢筋体积 V 之间的联系。

③通过模型公式运用数学方法或者计算软件，讨论最优的 n 值解。

④采用一个具体案例，运用两种方法（Matlab 软件计算分析、PKPM 软件设计分析）将两者结果进行比较，检验由函数公式计算的结果是否与设计结果相吻合。

⑤利用优化解，提出相应框架模型的 CO_2 计算，并对案例工程中材料在狭义物化能概念下的 CO_2 排放量进行计算。

4.4.2 板的设计

按照结构弹性理论计算方法，分割后的板被认为是独立的板单元。首先，计算一个双向板中宽度为 1m（$b=1m$）的配筋情况，根据《混凝土结构设计规范（2015年版）》（GB 50010—2010）中板的设计思路，广义公式表示为：

$$A_s = \frac{M}{f_y \gamma_s h_0} \tag{4-1}$$

式中：M 为弯矩，$M = Kq'l^2$。

在双向板设计中，按 x 方向和 y 方向分别计算，则两个方向的弯矩表达式为：

$$M_{sx} = K_x q' l_x^2, \quad M_{sy} = K_y q' l_y^2$$

若考虑泊松比的影响，取 $\mu=0.3$。计算弯矩值，在 x、y 两个方向的表达式分别为：

$$M_{sx} = M_x + \mu M_y = K_x q' l_x^2 + 0.3 K_y q' l_y^2$$

$$M_{sy} = M_y + \mu M_x = K_y q' l_y^2 + 0.3 K_x q' l_x^2$$

式中：K 是与边界条件及边长比值有关的折减系数。

边界条件可以归纳为两种情况：一种情况是两端的受力板，三边简支，一边固端；另一种情况是中间的受力板，两对边简支，两对边固端。但是在具体工程中边界条件较为复杂多变，为保守计算，将边界支撑设为四边简支的双向板。

边长比值指 l_x 与 l_y 的比值，由于限定是双向板[84]，因此 $0 < \dfrac{l_x}{l_y} < 3$。

综合两个因素，可以通过《建筑结构静力计算手册》查询 K。手册中包含了所有板的边界条件和边长比值，并且可以看到 K 存在一个范围，即 $|K| < 1$（其中的正负号决定了板所受弯矩的方向）。

另外，手册中关于同一块板两个方向、不同位置的 K 值也是不同的。为公式表达简便，本章规定在 $l_x < l_y$ 的情况下，按照推导公式，不考虑泊松比，采用的 x、y 两个方向的弯矩表达式统一为：$M_{sx} = M_{sy} = Kq' l_x^2$。

在上述模型环境和设定的限制条件下，两个方向的配筋面积计算式为[85]

$$A_{sx} = A_{sy} = \frac{Kq' l_x^2}{f_{ys} \gamma_s h_{0s}} \tag{4-2}$$

若钢筋体积计算按照通长情况布置，长度分别为 l_x 和 l_y，则单位宽度的钢筋

体积可以表示为:

$$V_{sx} = \frac{Kq'l_x^2}{f_{ys}\gamma_s h_{0s}} l_x \qquad (4-3)$$

$$V_{sy} = \frac{Kq'l_x^2}{f_{ys}\gamma_s h_{0s}} l_y \qquad (4-4)$$

若进一步仔细考察钢筋体积,则需引入钢筋的长度计算公式,计算长度如图4-2所示,计算式表示为

$$l_{sx} = l_x + b_b + 12.5d_s \qquad (4-5)$$

$$l_{sy} = l_y + b_b + 12.5d_s \qquad (4-6)$$

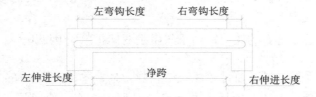

左弯钩长度　　右弯钩长度

左伸进长度　　净跨　　右伸进长度

图4-2　板钢筋计算长度

图4-2中,钢筋计算长度(l_{sx}、l_{sy})= 净跨 + 伸进长度 ×2+ 弯勾$6.25d_s$×2。端部支座为梁时,伸进长度 =max(支座宽度 /2,$5d_s$),由于建筑用钢筋直径一般不大于 25mm,而支座宽度通常不小于 300mm,此处取支座宽度的一半。

所以,对应单位宽度范围内,x、y 方向的钢筋体积为 $V_{sx} = A_{sx}l_{sx}$、$V_{sy} = A_{sy}l_{sy}$。

对于计算系数 K,虽然认为 x、y 两个方向的取值相同,但是在具体应用时,

为了较为准确地反映设计，应预先按照板块的边长比例 $\dfrac{L}{nl_y}$ 查找相应的 K。那么，较为粗略地计算，模型整体单层框架板计算钢筋的体积可以表示为

$$V_{sj} = \frac{nV_{sx}l_y}{1000} + \frac{V_{sy}L}{1000} = \frac{Kq'l_x^2l_yL}{500f_{ys}\gamma_s h_{0s}} \qquad (4-7)$$

由于构造配筋在板的钢筋用量中占的比例较大。所以，此处考虑构造钢筋的影响[86]。规范要求构造钢筋直径不宜小于 8mm，间距不宜大于 200mm，配筋面积不宜小于跨中相应方向板底受力钢筋面积的 $\dfrac{1}{3}$。本章计算中，以规范限值为标准。

板构造钢筋的长度计算情况如图 4-3 所示。

图 4-3　板构造钢筋的长度计算情况

图 4-3 中，构造钢筋长度（l'_{sx}、l'_{sy}）= 锚入长度 + 弯钩 + 板内净尺寸 + 弯折长度；锚入长度 = 伸过支座中心线 + 板厚 − 保护层厚度 ×2。板上部构造钢筋自梁边或墙边深入板内的长度，双向板中不宜小于板短跨方向计算跨度的 $\dfrac{1}{4}$。由于假定 $l_x < l_y$，所以板内净尺寸为 $\dfrac{l_x}{4}$，也可在实际应用中，根据具体情况限定板内净尺寸。这样，可总结板内构造钢筋的计算长度表达式为

$$l'_{sx} = l'_{sy} = 0.25l_x + b_b + 2h_s - 2a_s + 6.25d_s \qquad (4-8)$$

对应单位宽度范围内，x、y 方向的构造钢筋体积可以表示为：$V'_{sx} = \dfrac{A_{sx}l'_{sx}}{3}$；

$V'_{sy} = \dfrac{A_{sy}l'_{sy}}{3}$。那么，形成的构造钢筋体积表达式为

$$V'_{sx} = \frac{Kq'l_x^2}{3f_{ys}\gamma_s h_{0s}} l'_{sx} \tag{4-9}$$

$$V'_{sy} = \frac{Kq'l_x^2}{3f_{ys}\gamma_s h_{0s}} l'_{sy} \tag{4-10}$$

结合上述公式，较为粗略地计算，模型整体单层框架构造钢筋的体积可以表示为：

$$V_{sg} = \frac{nV'_{sx}l_y}{1000} + \frac{V'_{sy}L}{1000} = \frac{Kq'l_x^2}{3000f_{ys}\gamma_s h_{0s}} l'_{sx}(nl_y + L) \tag{4-11}$$

对于模型的整体设计，板在理想状态下的钢筋体积计算公式，经过整理成为体积 V_s 与变量 n 之间的函数关系。不考虑具体钢筋长度和泊松比情况下的计算，其表达式为：

$$V_s = \frac{A_1}{n^2} + \frac{A_2}{n} \tag{4-12}$$

式中：$A_1 = \dfrac{Kq'L^3}{500f_{ys}\gamma_s h_{0s}}\left(l_y + \dfrac{l'_{sx}}{6}\right)$；

$A_2 = \dfrac{Kq'L^2 l_y l'_{sx}}{3000f_{ys}\gamma_s h_{0s}}$；

$n = 2$，3，4，…，且 $n > \dfrac{L}{l_y}$。

4.4.3 梁的设计

4.4.3.1 梁的受弯承载力设计

梁的配筋计算由于截面类型和荷载大小等因素，可以分为单筋矩形截面计算、双筋矩形截面计算、T 形截面计算等多种类型计算模式。其中，单筋矩形截面计算是梁正截面承载力计算的基础[87、88]。其设计思路在其他形式的设计中是贯穿

始末的。因此，本章对梁设计的讨论，只对单筋截面梁进行。另外，开始的模型图是基于框架体系的，在具体框架的设计中，梁在跨中的截面由于板的作用影响，其截面设计通常按照 T 形截面进行，为了计算的统一与表达的简便性，截面形式都取为矩形截面。广义公式中，对于一根梁的配筋面积计算公式为

$$A_b = \frac{\alpha_1 f_c b h_0}{f_y}(1 - \sqrt{1 - 2\frac{M}{\alpha_1 f_c b h_0^2}}) \qquad (4-13)$$

设计认为，l_y 梁是两端固结的超静定结构，所以支座与跨中的弯矩方向和大小都不相同。梁的计算需要对跨中和支座分别展开，在均布荷载作用下，$M = \omega Q l^2$。支座处 $\omega = \frac{1}{12}$，跨中 $\omega = \frac{1}{24}$，但是为了表达明确，统一保守取 $\omega = \frac{1}{12}$。分析的目的是计算钢筋面积，所以也不再考虑弯矩的方向。对于一根 l_y 梁，

计算弯矩值：$M = \frac{1}{12}Q l_y^2$。

l_x 梁在不同体系中情况不同。纵、横向承重体系中，l_x 梁承受上部荷载，因此按照受力的连续梁进行计算（内力计算系数按照混凝土结构"等截面等跨连续梁在常用荷载作用下的内力系数表"的绝对值最大取用）；在横向承重体系中，l_x 梁是连系梁，按照构造或者经验配筋。

纵、横向承重体系：Q 为双向板中面荷载分配到梁上的线荷载。截面荷载按照 45° 划分，如图 4-4 所示。分配到梁上的线荷载，由于 $l_x < l_y$，两种边长的分配方式将不同：l_x 分配到的是三角形荷载，l_y 上分配到的是梯形荷载。则

分配到 l_x 上的线荷载：$Q_{bx} = \frac{5}{8}q'l_x$；

分配到 l_y 上的线荷载：$Q_{by} = (1 - 2\alpha^2 + \alpha^3)q'l_x$，其中 $\alpha = \frac{l_x}{2l_y}$。

得到 l_x 梁上的计算弯矩：$M_{bx} = \frac{1}{8}Q_{bx}l_x^2 = \frac{5}{64}q'l_x^3$；

得到 l_y 梁上的计算弯矩：$M_{by} = \frac{1}{12}Q_{by}l_y^2 = \frac{1}{12}(1 - 2\alpha^2 + \alpha^3)q'l_xl_y^2$。

考虑梁的自重影响，线荷载：$q_{gb} = b_b h_b r_c$

由梁自重引起的弯矩为

$$M_{gb} = \frac{1}{12} q_{gb} l_y^2$$

在平面荷载按角度划分之后，可以使图 4-4 中的梁形成受荷单元，阴影部分即为一个 l_x 和 l_y 的受荷单元。根据阴影单元，在模型中若存在 n 个板的分割形式，那么将产生 $2n$ 个 l_x 的梁和 n 个 l_y 的梁。

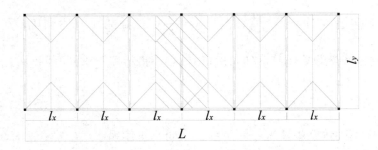

图 4-4　截面荷载划分

l_y 梁受分配荷载影响的设计，按照公式计算，具体表达式为

$$A_{by} = \frac{\alpha_{1b} f_{cb} b_b h_{0b}}{f_{yb}} \left(1 - \sqrt{1 - \frac{Q_{by} l_y^2}{6 \alpha_1 f_c b_b h_{0b}^2}} \right) \tag{4-14}$$

钢筋体积表达式为 $V_{by} = n A_{by} l_y$，即

$$V_{by} = n \frac{\alpha_{1b} f_{cb} b_b h_{0b} l_y}{f_{yb}} \left(1 - \sqrt{1 - \frac{Q_{by} l_y^2}{6 \alpha_1 f_c b_b h_{0b}^2}} \right) \tag{4-15}$$

自重引起的钢筋体积表达式为：

$$V_{by} = n \frac{\alpha_{1b} f_{cb} b_b h_{0b} l_y}{f_{yb}} \left(1 - \sqrt{1 - \frac{q_{gb} l_y}{6 \alpha_1 f_c b_b h_{0b}^2}} \right) \tag{4-16}$$

l_x 梁的计算方法与 l_y 梁相同。将所有计算进行整合，所有梁受弯截面纵向钢筋体积的表达式为

$$V_{br} = nB_1\left(1 - \sqrt{1 - \frac{B_2}{n} + \frac{B_3}{n^3} - \frac{B_4}{n^4}} + B_5\right)$$
$$+ B_6\left(2 - \sqrt{1 - \frac{B_7}{n^3}} - \sqrt{1 - \frac{B_8}{n^2}}\right) \qquad (4-17)$$

式中：$B_1 = \dfrac{\alpha_{1b} f_{cb} b_b h_{0b} l_y}{f_{yb}}$；

$B_2 = \dfrac{1}{6} \dfrac{q' l_y^2 L}{\alpha_{1b} f_{cb} b_b h_{0b}^2}$；

$B_3 = \dfrac{1}{12} \dfrac{q' L^3}{\alpha_{1b} f_{cb} b_b h_{0b}^2}$；

$B_4 = \dfrac{1}{48} \dfrac{q' L^4}{\alpha_{1b} f_{cb} b_b h_{0b}^2 l_y}$；

$B_5 = 1 - \sqrt{1 - \dfrac{q_{gb} l_y}{6 \alpha_1 f_c b_b h_{0b}^2}}$；

$B_6 = \dfrac{2 \alpha_{1b} f_{cb} b_b h_{0b} L}{f_{yb}}$；

$B_7 = \dfrac{15}{32} \dfrac{q' L^3}{\alpha_{1b} f_{cb} b_b h_{0b}^2}$；

$B_8 = 1 - \sqrt{1 - \dfrac{q_{gb} L^2}{4 \alpha_1 f_c b_b h_{0b}^2}}$。

横向承重体系：截面荷载仅分配到 l_y 梁上形成线荷载。则

分配到 l_y 上的线荷载：$\overline{Q_{by}} = q'l_x$。

得到 l_y 梁上的计算弯矩：$\overline{M_{by}} = \dfrac{1}{12}\overline{Q_{by}}l_y^2 = \dfrac{1}{12}q'l_xl_y^2$。

l_x 梁为连系梁。设计中假定其充分利用了混凝土的抗压性能，混凝土的受压区高度均达到界限状态，即 $\xi=\xi_b$。所以，l_x 梁的钢筋计算面积可以表示为

$$A_{bx} = \frac{\alpha_{1b}f_{cb}b_bh_{0b}\xi_{bb}}{f_{yb}} \tag{4-18}$$

整体 l_x 梁的钢筋体积表达式为 $V_{bx} = 2nA_{bx}l_x$。其他计算方法与上述纵、横向承重体系相同，不再赘述。因此，可得横向承重体系梁纵向钢筋体积为

$$\overline{V_{br}} = nB_1(1-\sqrt{1-\frac{B_2}{n}}+B_5)+\overline{B_3} \tag{4-19}$$

式中：$\overline{B_3} = \dfrac{2\alpha_{1b}f_{cb}b_bh_{0b}\xi_{bb}L}{f_{yb}}$。

4.4.3.2　梁的受剪承载力设计

计算配置梁的箍筋，在均布荷载作用下，首先需要满足式（3-5）。

另外，在均布荷载作用下，需要配置箍筋的梁，有资料表明试验值与计算值的比较，如图 4-5 所示[89]。

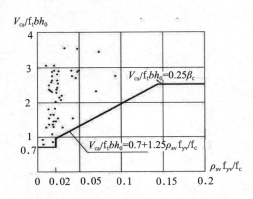

图 4-5　均布荷载作用下配箍筋梁的试验值与计算值的比较

按照图 4-5 中显示的计算值，有 $\dfrac{V}{f_t bh_0} = 0.7 + \rho_{sv}\dfrac{f_{yv}}{f_t}$。若在理想状态下，充分利用混凝土的抗拉性能，使钢筋的配箍率最小，那么 $\rho_{sv} = \rho_{svmin}$，规范规定：$\rho_{svmin} = 0.24\dfrac{f_t}{f_{yv}}$。将最小配箍率代入式（3-5）中能够得到混凝土的抗剪能力在配筋率最小情况下所占剪力设计值的份额，即为 $f_t bh_0 = 0.94V$。最后，对式（3-5）进行重新整理，得到的简化计算公式为：

$$A_{vb} > \frac{0.658V_b s_b}{f_{yvb}h_{0b}} \tag{4-20}$$

纵、横向承重体系：

得到 l_x 梁上的计算剪力：$V_{bx} = \dfrac{5}{8}Q_{bx}l_x = \dfrac{25}{64}q'l_x^2$；

得到 l_y 梁上的计算剪力：$V_{by} = \dfrac{1}{6}Q_{by}l_y = \dfrac{1}{6}(1 - 2\alpha^2 + \alpha^3)q'l_x l_y$。

箍筋的长度：$l = 2(b_b + h_b - 4a_b)$；
一个梁单元所需的箍筋个数：$m_{by} = l_b/s_b$；
一个梁单元计算得到的箍筋体积：$V_{vb} = A_{vb}l_b m_b$。
经过整理调整，建立所有梁单元的箍筋体积计算公式：

$$V_{bs} = C_1\left(1 - \frac{C_2}{n^2} + \frac{C_3}{n^3}\right) + C_4 n + C_5\left(\frac{C_6}{n^2} + \frac{C_7}{n}\right) \tag{4-21}$$

式中：$C_1 = 0.22\dfrac{(b_b + h_b - 4a_b)q'Ll_y^2}{f_{yvb}h_{0b}}$；

$C_2 = \dfrac{L^2}{2l_y^2}$；

$C_3 = \dfrac{L^3}{8l_y^3}$；

$$C_4 = 0.84 \frac{(b_b + h_b - 4a_b)b_b h_b r_c l_y^2}{f_{yvb} h_{0b}};$$

$$C_5 = 1.64 \frac{(b_b + h_b - 4a_b)}{f_{yvb} h_{0b}};$$

$$C_6 = \frac{5q'L^3}{8};$$

$$C_7 = b_b h_b r_c L^2 \text{。}$$

横向承重体系：

得到 l_y 梁上的计算剪力：$\overline{V}_{by} = \frac{1}{6}q'l_x l_y$。

l_x 梁为连系梁，同样按照箍筋面积取最小配筋率计算，箍筋面积可表示为：$A_{vbx} = 0.24 \frac{f_{tb}}{f_{yvb}} b_b s_b$，$l_x$ 箍筋体积 $V_{bsx} = A_{vbx} l_{bx} m_{bx}$。经过整理调整，建立所有梁单元的箍筋体积计算公式：

$$\overline{V}_{bs} = \overline{C}_1(\overline{C}_2 + \overline{C}_3 n) + \overline{C}_4 \qquad (4-22)$$

$$\overline{C}_1 = 0.22 \frac{(b_b + h_b - 4a_b)l_y^2}{f_{yvb} h_{0b}}; \quad \overline{C}_2 = q'L;$$

$$\overline{C}_3 = b_b h_b r_c; \quad \overline{C}_4 = 0.96 \frac{(b_b + h_b - 4a_b)f_{tb} b_b L}{f_{yvb}}$$

《混凝土结构设计规范（2015 年版）》（GB 50010—2010）中 5.4.1 中解释，若考虑采用塑性内力重分布分析，重力荷载作用下的框架的现浇梁、双向板等，可对支座或节点弯矩进行调幅，确定跨中弯矩。因此，l_x 梁的纵向钢筋计算，l_y 梁自重引起的纵向钢筋设计计算，可以在实际应用中，对弯矩值和剪力值进行适当的调整。5.4.3 中规定塑性内力重分布分析下，钢筋混凝土梁支座或节点边缘截面的负弯矩调幅幅度不宜大于 25%；弯矩调整后的梁端截面相对受压区高度不应超过 0.35，且不宜小于 0.1。

将上述计算的梁纵向钢筋体积与箍筋体积进行整理，得到整体梁单元的钢筋总体积公式如下。

①纵横向承重体系：

$$V_b = nB_1(1 - \sqrt{1 - \frac{B_2}{n} + \frac{B_3}{n^3} - \frac{B_4}{n^4}} + B_5) +$$
$$B_6(2 - \sqrt{1 - \frac{B_7}{n^3}} - \sqrt{1 - \frac{B_8}{n^2}}) + C_1(1 - \frac{C_2}{n^2} + \frac{C_3}{n^3}) + \quad (4-23)$$
$$C_4 n + C_5(\frac{C_6}{n^2} + \frac{C_7}{n})$$

②横向承重体系：

$$\overline{V_b} = nB_1(1 - \sqrt{1 - \frac{B_2}{n}} + B_5) + \overline{B_3} +$$
$$\overline{C_1}(\overline{C_2} + \overline{C_3}n) + \overline{C_4} \quad (4-24)$$

纵向承重体系的分析方法与横向承重体系相同，不再赘述。

4.4.4　柱的设计

柱子的受力情况比较多，包括轴心受压、偏心受压、偏心受拉等情况。鉴于轴心受力是一种理想的受力状况，并且模型框架柱多属于受压状态。因此，本章将分轴心受压和偏心受压两种受力情况进行讨论；偏心状况分大偏心受压柱和小偏心受压柱两种状态进行配筋设计。

4.4.4.1　轴心设计

轴心受压构件主要分为配有普通箍筋的受压柱和配有螺旋箍筋的受压柱两种情况，下面将对配有普通箍筋的受压柱进行说明。取横向单榀框架，按弯矩进行分配。柱子的轴力设计值 N 来自 l_y 梁的剪力和梁端弯矩分配于柱端弯矩造成的轴力，横向承重体系不再介绍。

按照《混凝土结构设计规范（2015 年版）》（GB 50010—2010）给出的轴心受压构件承载力计算，配有普通箍筋的受压构件公式为

$$N \leqslant 0.9\varphi(f_c A + f_y' A_s') \tag{4-25}$$

假定配筋率小于 3%。则钢筋面积为：$A_s' \geqslant \dfrac{N}{0.9\varphi f_y'} - \dfrac{f_c A}{f_y'}$。

按照模型环境，单根柱子的受压纵向钢筋面积可表示为

$$A_s' = (1 - \frac{C_2}{n^2} + \frac{C_3}{n^3})\frac{q' l_x l_y}{1.8\varphi f_y'} - \frac{f_c A}{f_y'} \tag{4-26}$$

那么，单根柱子的体积是面积与柱子长度的乘积。由此可表达出整体框架中，所有柱体的体积为：$V_{cr}' = 2n A_s' H$。具体计算形式如下（为区别轴心受压构件与偏心受压构件，以下标 a 表示轴心受压）：

$$V_{cr}' = (1 - \frac{C_2}{n^2} + \frac{C_3}{n^3})D_{1a} - D_{2a} n \tag{4-27}$$

式中：$D_{1a} = \dfrac{q' L l_y H}{0.9\varphi f_y'}$；$D_{2a} = \dfrac{2 f_c A H}{f_y'}$。

4.4.4.2 偏心设计

大小偏心受压的界限划分：柱子的受压因荷载位置和大小等因素，分为大偏心受压构件和小偏心受压构件[90, 91]。具体的分类判别条件如下所述：

①直接根据受压区高度判断，即 $x = N/\alpha_1 f_c b$，$x \leqslant \xi_b h_0$ 时为大偏心；$x > \xi_b h_0$ 时为小偏心。

②在非对称配筋判别条件的基础上加以补充，认为：$\eta e_i > 0.3 h_0$，且 $x \leqslant \xi_b h_0$ 时为大偏心受压；$\eta e_i \leqslant 0.3 h_0$ 或 $\eta e_i > 0.3 h_0$，且 $x > \xi_b h_0$ 时为小偏心受压。

柱子的端弯矩与 l_y 梁弯矩形成平衡，所以柱子的弯矩设计值，可以表示为 $M_c = M_{by}$。框架只有横梁有均布荷载的情况，采用力法计算的结果如图 4-6 所示。

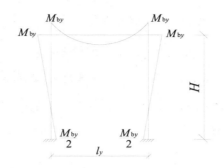

图 4-6　采用力法计算的结果

由图 4-6 可以计算剪力值：$V_c = \dfrac{3M_{by}}{2H}$。

另外，如图 4-4 所示，每个节点都会生成一根柱子，单元划分后的柱子的计算数量为 $2n$。

1. 大偏心受压柱设计

当受压构件判定为大偏心受压构件时，对纵向受压钢筋和受拉钢筋的设计提出计算的广义公式[92, 93]，具体形式与第 3 章的式（3-9）和式（3-10）相同。

式（3-9）和式（3-10）中需要计算纵向钢筋的混凝土受压高度 x，以体现尽可能节约钢筋的思想。通常认为在充分利用混凝土的抗压性能以后，才会应用钢筋的抗压性。因此，将 x 做简化，由于 $x = \xi h_0$，则在混凝土达到理想的界限状态时，其 ξ 可取为 ξ_b，$x = \xi_b h_0$。

为计算简便，将式（3-9）和式（3-10）改为：

$$N = \alpha_1 f_c b h_0 \xi + f_y' A_s' - f_y A_s \tag{4-28}$$

$$Ne = \alpha_1 f_c b h_0^2 \xi (1 - \frac{\xi}{2}) + f_y' A_s' (h_0 - a') \tag{4-29}$$

因此，可以得到受拉钢筋 A_s 和受压钢筋 A_s' 的配筋面积计算公式为

$$A_s' = \frac{Ne - \alpha_1 f_c b h_0^2 \xi (1 - 0.5\xi)}{f_y' (h_0 - a')} \tag{4-30}$$

$$A_s = \frac{\alpha_1 f_c b h_0 \xi + f_y' A_s' - N}{f_y} \tag{4-31}$$

一根柱子的钢筋体积可表示为 $V_{cr} = (A_s + A_s')H$。通常情况下，钢筋受压区与受拉区都采用相同等级的钢筋。因此，有 $f_y = f_y'$。所以，对于整个框架模型，体系中柱子所消耗的钢筋体积表达式为：

$$V_{cr} = D_1 \left(1 - \frac{C_2}{n^2} + \frac{C_3}{n^3}\right) + nD_2 \tag{4-32}$$

$$D_1 = \left| \left(\frac{2e_c}{h_{0c} - a_c'} - 1\right) \frac{q' l_y L H}{f_{yc}} \right|; \quad D_2 = \left| \frac{2\alpha_{1c} f_{cc} b_c h_{0c} \xi_{bc} H}{f_{yc}} \left[1 - \frac{2h_{0c}(1-0.5\xi_{bc})}{h_{0c} - a_c'}\right] \right|$$

2. 小偏心受压柱设计

当受压构件判定为小偏心受压构件时，对横向受压钢筋和受拉钢筋的设计提出计算的广义公式[94]，与第3章的式（3-8）～式（3-10）相同。

与大偏心受压构件一样，处理得到 $x = \xi_b h_0$。并将式（3-9）和式（3-10）改变为等号意义的平衡公式。改动后的计算公式为

$$N = \alpha_1 f_c b h_0 \xi + f_y' A_s' - \sigma_s A_s \tag{4-33}$$

$$Ne = \alpha_1 f_c b h_0^2 \xi (1 - \frac{\xi}{2}) + f_y' A_s' (h_0 - a') \tag{4-34}$$

因此，可以得到纵向受拉钢筋 A_s 和受压钢筋 A_s' 的配筋面积公式为

$$A_s' = \frac{Ne - \alpha_1 f_c b h_0^2 \xi (1 - 0.5\xi)}{f_y' (h_0 - a')} \tag{4-35}$$

$$A_s = \frac{\alpha_1 f_c b h_0 \xi + f_y' A_s' - N}{\sigma_s} \tag{4-36}$$

大偏心受压构件与小偏心受压构件的区别，主要在于受拉钢筋的抗拉强度设计值的处理。在力系平衡式中，大偏心受压构件采用钢筋的抗拉强度设计值做力

的计算；小偏心受压构件是将钢筋的抗拉强度设计值进行修正（σ_s）后计算。如果在设计中，假定混凝土的强度得到了充分的利用，相对受压高度采用界限值，则 $\xi=\xi_b$。那么修正后的钢筋抗拉强度 $\sigma_s=f_y$。所以当采用假定的理想状态时，大偏心受压构件与小偏心受压构件，在计算本质中没有区别，但是其受力情况却有着天壤之别。

将柱的设计参数代入面积计算公式中，形成关于本章设定框架的设计面积：A_{sc}、A'_{sc}。同样柱子单元的钢筋体积为 $V_{cr}=(A_{sc}+A'_{sc})H$。对于小偏心受压构件，整个框架模型，体系中柱子所消耗的钢筋体积表达式为：

$$V_{cr}=D_3(1-\frac{C_2}{n^2}+\frac{C_3}{n^3})+nD_4 \qquad (4-37)$$

$$D_3=\left|[(\frac{f'_{yc}}{\sigma_{sc}}+1)e_c-\frac{1}{\sigma_{sc}}]q'l_yLH\right|$$

$$D_4=\left|2\alpha_{1c}f_{cc}b_ch_{0c}\xi_cH[\frac{1}{\sigma_{sc}}-(\frac{f'_{yc}}{\sigma_{sc}}+1)\frac{h_{0c}(1-0.5\xi_c)}{f'_{yc}(h_0-a')}]\right|$$

4.4.4.3　柱子箍筋设计

受压构件的箍筋计算，不考虑地震的影响，需要满足的基本公式与第 3 章式（3-11）相同。

混凝土规范要求，柱子的设计无论是受压构件还是受拉构件，经受的剪力都需要满足

$$V\leqslant 0.25\beta_c f_c bh_0 \qquad (4-38)$$

如果剪力设计值恰好达到混凝土承担的要求，也就是满足等式：$V=0.25\beta_c f_c bh_0$。那么，混凝土的抗拉性能，在剪力中所贡献的价值，可以表示为：

$$\frac{\dfrac{1.75}{1+\lambda}f_t bh_0}{0.25\beta_c f_c bh_0}=\frac{7f_t}{(1+\lambda)\beta_c f_c}V \qquad (4-39)$$

将混凝土所占的比例值，代入式（3-11）中。在假定的设计环境中，柱单

元设计的箍筋面积的表达式则可以表示为：

$$A_{vc} = \left(\cfrac{V - 0.07N - \cfrac{7f_{tc}V}{(1+\lambda_c)\beta_{cc}f_{cc}}}{f_{yvc}h_{0c}} \right)s_c \qquad (4\text{--}40)$$

柱单元的箍筋个数：$m_c = H/s_c$；

箍筋周长：$l_c = 2\,(b_c + h_c - 4a_c)$；

一个单元所需箍筋体积：$V_{cs} = A_{svc}l_c m_c$。

每个模型节点都会形成一根柱。所以，模型中柱的总体积计算公式为：

$$V_{cs\text{总}} = E_1(1 - \frac{C_2}{n^2} + \frac{C_3}{n^3}) \qquad (4\text{--}41)$$

$$E_1 = \cfrac{(b_c + h_c - 4a_c)q'l_y^2 L}{6f_{yvc}h_{0c}} \left(\cfrac{1 - 0.07 - \cfrac{7f_{tc}}{(1+\lambda_c)\beta_{cc}f_{cc}}}{f_{yvc}h_{0c}} \right)$$

整理所有柱子所需钢筋体积，假定在充分利用混凝土的情况下进行。因此，整合以大偏心为标准，综合情况的计算式为：

$$V_c = (D_1 + E_1)(1 - \frac{C_2}{n^2} + \frac{C_3}{n^3}) + nD_2 \qquad (4\text{--}42)$$

横向承重体系仅计算界限状态的偏心受压，结果如下：

纵向钢筋：$V_{cr} = \dfrac{1}{3}D_1 + nD_2$；

箍筋：$V_{cs} = \overline{E_1}n + \overline{E_2}$；

总体：$V_c = \dfrac{1}{3}D_1 + \overline{E_2} + (D_2 + \overline{E_1})n$。

其中：$\overline{E_1} = \left| \dfrac{7f_{tc}b_c h_{0c}(b_c + h_c - 4a_c)H}{(1+\lambda)f_{yvc}h_{0c}} \right|$；

$$\overline{E_2} = \left| \frac{(b_c + h_c - 4a_c)q'l_y LH}{f_{yvc}h_{0c}}(0.47 - \frac{l_y}{2H}) \right|。$$

4.4.5　框架设计

4.4.2 ～ 4.4.4 节对框架的主要承重构件（板、梁、柱）进行了由基本公式出发的讨论。在配筋基础的前提下，利用钢筋贯穿构件的假设，转换公式成为 n 与钢筋体积的函数关系。将其合并后，即可得到关于整个模型框架钢筋体积的表达式。那么，整合所有构件，简化调整后的结果，形成整体综合公式：

纵、横向承重体系：

$$V_r = \frac{A_1 + C_5 C_6}{n^2} + \frac{A_2 + C_5 C_7}{n} + [D_2 + B_1(1 - \sqrt{1 - \frac{B_2}{n} + \frac{B_3}{n^3} - \frac{B_4}{n^4}} + B_5) + C_4]n +$$

$$(C_1 + D_1 + E_1)(1 - \frac{C_2}{n^2} + \frac{C_3}{n^3}) + B_6(2 - \sqrt{1 - \frac{B_7}{n^3}} - \sqrt{1 - \frac{B_8}{n^2}}) \tag{4-43}$$

横向承重体系不再赘述。应当注意的是：公式在计算时，需要对单位进行统一。由于轴心设计在实际工程中出现的情况较少，整合公式主要是针对柱子的偏心设计的。

4.4.6　优化求解

框架公式，已经给出了 n 与钢筋体积的关系。若想知道 n 为定义域内的何值时，钢筋体积最小，也就是钢筋消耗量最少，需要对公式进行极值求解，这就是优化的目的。关于如何找到 n 的最小值，有多种数学方法，现利用以下两种方法求解：

①导数求解法（基本数学方法）；
②借助软件计算，本章利用 Matlab 进行求解。

4.4.6.1　导数求解法

式（4-41）是仅关于 n 与钢筋体积的函数关系，可直接对公式进行求导。令导函数等于零，则可求解 n 的极值，但是关于 n 的导函数是 n 的 5 次幂，求解困难。因此，通常情况下可借助软件进行计算求解。

4.4.6.2 Matlab 求解 [95-97]

利用 Matlab 进行求解，可直接针对具体设计参数，将式（4-42）编译成语言。具体求解语言如附录 A 所示。

通过以上分析可以在实际工程中将所有设计系数代入公式或者软件程序中，这样可以在较短时间内确定哪一种分割板形式是最优的设计方案。下面将采用案例的形式对上述推导方法进行检验求证。

4.5 案例分析

上述仅仅是针对结构布局提出的公式化推导，需要具体的工程案例进行验证。下面将提出一个具体案例——框架结构工程说明。

4.5.1 建筑工程概况

①建筑地点：南阳市郊。

②工程名称：某小学教学楼。

③工程设计资料：

本工程为钢筋混凝土框架结构，共四层，建筑面积为 3 188.16m²。纵向总长度为 L_x=49 200mm，横向总长度为 L_y=16 200mm。将纵向总长度按照网格划分进行多方案设计；横向分三个长度划分，具体划分长度为 6900mm、2400mm、6900mm。

梁钢筋混凝土保护层厚度为 35mm，板保护层厚度为 15mm；梁、柱混凝土强度等级均为 C30，板混凝土强度等级为 C25。

采用的钢筋：板的受力钢筋为 I 级钢 HPB235，f_y=210N/mm²；梁、柱的主筋为 II 级钢 HRB335，f_y=300N/mm²，箍筋为 HPB235，f_y=210N/mm²。

④环境资料：

a. 冬季主导风向东北平均风速为 2.6m/s，夏季主导风向东南平均风速为 2.6m/s，最大风速为 23.7m/s。

b. 常年地下水位低于 −1.3m，水质对混凝土没有侵蚀作用。

c. 最大积雪厚度为 0.32m，基本风压为 0.35kN/m²。基本雪压为 0.45kN/m²，土壤最大冻结深度为 0.09m。

d. 地面粗糙类别为 B 类。

e.地质条件：地基承载力特征值 190kPa，不考虑地下水作用。

f.抗震设防烈度为 7 度，Ⅱ类场地土，设计地震分组为第一组，抗震等级为三级。

h.建筑物安全等级为Ⅱ级。

⑤尺寸资料：

a.楼层高度：一层为 3300mm，二～四层为 3000mm

b.梁截面尺寸为 $b \times h$=250mm×600mm，惯性矩为 $4.5 \times 10^9 mm^4$。

c.柱截面尺寸为 500mm×500mm，惯性矩为 $5.208 \times 10^9 mm^4$，板厚取 130mm。

构件剖面图如图 4−7 所示。图 4−7 分别显示了板、梁、柱的剖面尺寸。

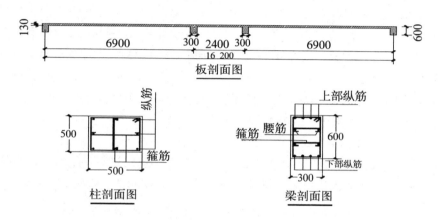

图 4−7　构件剖面图

⑥荷载情况：楼面恒荷载为 $4.5 kN/m^2$，楼面活荷载为 $2.0 kN/m^2$，屋面恒荷载为 $5.5 kN/m^2$，屋面活荷载 $0.5 kN/m^2$。框架结构的裂缝控制范围：$0 \leqslant w \leqslant 0.03mm$。梁体的挠度控制范围：$f \leqslant l_0 / 200$（$l_0$ 为梁的计算长度）。

4.5.2　推导计算

先通过上述推导的公式进行计算。计算时，柱子的设计认为充分利用了混凝土的抗压强度，也就是 $\xi = \xi_b$，所以在计算受拉区钢筋面积时，大偏心与小偏心的计算形式是相同的，钢筋的抗拉强度为设计值 f_y。

下面将重点介绍利用 Matlab 软件计算的方法。

将板、梁、柱这三种构件的计算内容分别根据式（4−13）、式（4−24）和式（4−42），单独进行整理，得到每种构件的求解方程。然后，借助 Matlab 软件编译语言，将上述公式中的设计参数代入语言中，计算相应每个 n 值下的钢筋体积 V。根据点的对应，形成曲线，以便与设计软件统计下的结果做对比。整体工程的运算根据式（4-42），过程采用上述相同的思路。

为了便于与下面的设计结果做比较，需要计算单位面积钢筋用量（kg/m²）。取钢材密度 7.85×10^{-6} kg/mm³，l_y 分别为 6900mm、2400mm、6900mm，四层结构按单层推导函数进行代数叠加。建筑面积为 3 188.16m²。这样，最终得到的是 n 与单位面积下钢筋重量 m（kg/m²）的关系曲线。板、梁、柱、整体工程单位面积下的钢筋重量分别表示为 m_s、m_b、m_c、m。

计算取值时，有些需要考虑设计因素。板的设计中，按照 $n=i$，$i=8$，9，…，16 等数值，计算相应的边长比值，为保守估算按照最危险的四边简支板情况，查找《建筑结构静力计算手册》取用 K。由于计算应用时，内力臂系数是按照界限状态取值，弯矩也是最不利状态，所以可在计算时对内力弯矩进行调幅。若考虑塑性内力重分布分析，《混凝土结构结构设计规范（2015 年版）》（GB 50010—2010）中的 5.4.3 规定钢筋混凝土板的负弯矩调幅幅度不宜大于 20%。因此，此处计算采用这一调幅标准，取 20%。

Matlab 的计算结果：

使用 Matlab 软件计算的结果如表 4-1 所示（具体计算取值如附录 A 所示）。将表 4-1 中的数据点进行曲线描述，便于与 PKPM 的统计结果做比较。

表 4-1　网格划分 n 下不同构件单位面积的钢筋重量（kg/m²）

n	8	9	10	11	12	13	14	15	16
m_s	17.40	15.05	13.43	12.41	11.42	10.47	9.45	9.07	9.04
m_b	9.77	10.53	11.25	11.95	12.63	13.30	13.96	14.60	15.25
m_c	6.36	7.05	7.69	8.29	8.86	9.42	9.96	10.49	11.01
m	33.53	32.63	32.37	32.65	32.91	33.19	33.37	34.16	35.30

4.5.3　设计统计

现在要检查工程的实际配筋情况是否与 Matlab 的计算结果有相同的发展情况。利用 PKPM 对工程进行多方案设计，共拟定 9 个网格划分形式。工程设计的结构平面图如图 4-8 所示（以 9 个方案中的一个为例说明）。

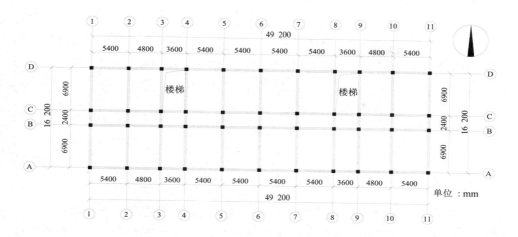

图 4-8　结构平面图

使用 PKPM 设计软件时，采用的参数：

框架梁端负弯矩调幅系数为 0.85，混凝土容重为 $25kN/m^3$；钢材容重为 $78kN/m^3$；梁惯性矩增大系数为 1.2；梁柱箍筋间距为 100mm；风、活荷载之活荷载组合系数为 0.7；风、活荷载之风荷载组合系数为 0.6；荷载分项系数，恒荷载为 $1.35kN/m^2$，活荷载为 $1.2kN/m^2$，风荷载为 $1.4kN/m^2$；不考虑 P-△效应，不考虑梁柱重叠的影响，设计规范选择国家标准。采用多方案设计，对网格进行不同形式的划分，则纵向柱与柱之间的梁跨度发生了变化，具体板的划分见表 4-2。

表 4-2　板的划分

划分长度	n
6900mm，3600mm，6900mm，7200mm×2，6900mm，3600mm，6900mm	8
6000mm，3600mm，6000mm×5，3600mm，6000mm	9
5400mm，4800mm，3600mm，5400mm×4，3600mm，4800mm，5400mm	10
4800mm，4500mm，3600mm，4500mm×2，5400mm，4500mm×2，3600mm，4500mm，4800mm	11
4800mm，4500mm，3600mm，3900mm×6，3600mm，4500mm，4800mm	12

续表

划分长度	n
3300mm，3900mm，3600mm，3900mm×3，4200mm，3900mm×3，3600mm，3900mm，3300mm	13
3000mm，3600mm×12，3000mm	14
3000mm×2，3900mm，3600mm，3000mm×3，4200mm，3000mm×3，3600mm，3900mm，3000mm×2	15
3000mm×3，3600mm，3000mm×8，3600mm，3000mm×3	16

采用统一的设计参数，对结构在不同方案下进行裂缝宽度、挠度验算，并且使用 Midas 进行抗震验算等。在所有标准都符合结构要求的情况下，统计了每个方案下板、梁、柱的钢筋用量，具体结果见表 4-3。

表 4-3 PKPM 设计钢筋用量（kg/m²）

n	8	9	10	11	12	13	14	15	16
m_s	17.58	14.19	12.12	11.35	10.54	9.92	9.50	9.75	9.36
m_b	11.43	12.22	12.74	13.27	13.87	14.48	14.77	15.51	16.36
m_c	5.92	6.60	7.29	7.95	8.63	9.19	9.80	10.22	11.12
m	34.93	33.01	32.15	32.57	33.04	33.59	34.07	35.48	36.84

4.5.4 比较验证

为了便于比较，上述计算结果均采用单位面积下的钢筋用量（kg/m²）。将 Matlab 计算的函数推导结果与 PKPM 设计统计的结果，合并绘制于同一图形中，如图 4-9 ~图 4-12 所示。

由图 4-9 可以看出，板在单位面积下的钢筋重量，随着网格划分数量 n 的增加而降低。两条曲线发展趋势相同，整体存在一定差异，但是分离程度不大。

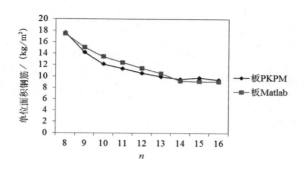

图 4-9　板的钢筋用量对比

由图 4-10 可以看出，梁在单位面积下的钢筋重量随着网格划分数量 n 的增加而增加。Matlab 分析是利用函数公式求解结果，因此曲线是平滑直线。而 PKPM 绘制曲线则是依据每个设计中的统计数据，绘制出来的并不是理想直线。但是，每个方案的两种结果较为接近。

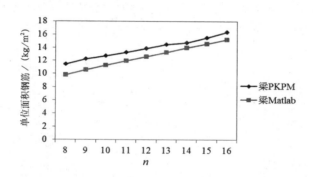

图 4-10　梁的钢筋用量对比

由图 4-11 可以看出，柱在单位面积下的钢筋重量随着网格划分数量 n 的增加而增加。Matlab 计算曲线类似一元函数直线；PKPM 设计统计结果也出现了类似直线的情况。n 在较小的情况下，两种结果的差别较大。n 值越大，两种结果越接近。

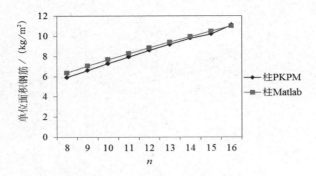

图 4-11　柱的钢筋用量对比

由图 4-12 可以看出，整体构件在单位面积下的钢筋重量随着网格划分数量 n 的变化呈现了不同的趋势发展。首先，n 在 8 ~ 10 的范围时随着 n 的增加单位面积的钢筋重量在减少；n 在 10 ~ 16 的范围时随着 n 的增加钢筋重量也随之增加。但是 n 在 14 ~ 16 的范围时，两条折线都存在不同程度的起伏，起伏幅度并不显著，没有影响整体的发展。两种方法下的折线情况相同，不过 Matlab 的计算结论没有 PKPM 的结果变化显著。因此，还有对公式函数进行完善修正的空间。

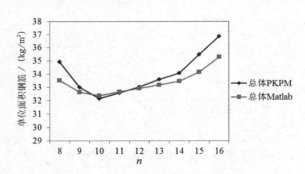

图 4-12　框架总体的钢筋用量对比

另外，在各构件的比较中发现，板的情况是存在差异最大的构件，所以板是后续工作中更应当注重的部分。表 4-1 和表 4-3 中的数据显示，当 n 取 10 时，得到的钢筋重量是最小的，Matlab 计算结果为 32.37kg/m²；PKPM 计算结果为 32.15kg/m²。

4.6　案例 CO_2 排放量计算

通过寻找能够最节约钢筋用量的最佳 n 值。可以相应求得在最佳 n 值下的钢筋单位面积排放量，同时也可以获取其他方案下的 CO_2 排放量。这样可以比较出最佳 n 值方案。下面将对 CO_2 在各个阶段的排放量进行详细计算。

4.6.1　钢筋在生产阶段的 CO_2 排放量计算

根据第 2 章中式（2-2），结合表 2-4 以及本章的表 4-1 和表 4-3，计算 9 个方案中钢筋在生产阶段的 CO_2 排放量。分别计算 Matlab 和 PKPM 的单位面积 CO_2 排放量，具体计算结果见表 4-4。

表 4-4　钢筋在生产阶段的 CO_2 排放量计算（kg/m²）

n	8	9	10	11	12	13	14	15	16
Matlab									
板	45.24	39.13	34.92	32.27	29.69	27.22	23.89	23.58	23.50
梁	28.86	30.55	32.34	34.09	35.80	37.44	39.08	40.72	42.30
柱	16.54	18.33	19.99	21.55	23.04	24.49	25.90	27.27	28.63
整体	90.64	88.01	87.25	87.91	88.53	89.15	88.87	91.57	94.43
PKPM									
板	45.71	36.88	31.50	29.50	27.40	25.79	24.71	25.34	24.35
梁	29.72	31.77	33.14	34.51	36.06	37.64	38.39	40.33	42.54
柱	15.39	17.16	18.95	20.68	22.43	23.90	25.49	26.58	28.91
整体	90.82	85.81	83.59	84.69	85.89	87.33	88.59	92.25	95.80

通过表 4-4 可以看到，在 $n=10$ 的时候，案例工程所用钢筋的 CO_2 排放量最小：Matlab 计算结果为 87.25kg/m²；PKPM 计算结果为 83.59kg/m²。在 Matlab 计算中，CO_2 排放量最大是在 $n=16$ 时，具体排放量为 94.43kg/m²。因此，最小 CO_2 排放量（$n=10$）的网格划分方式，最大可以节约 7.18kg/m² CO_2 排放量。在 PKPM 计算中，CO_2 排放量最大是在 $n=16$ 时，具体排放量为 95.80kg/m²。因此，

最小 CO_2 排放量（$n=10$）的网格划分方式，可以节约 $12.21kg/m^2$。

4.6.2　钢筋在加工阶段的 CO_2 排放量计算

根据第 2 章中式（2-3），结合表 2-6 以及本章的表 4-1 和表 4-3，计算 9 个方案中钢筋在加工阶段的 CO_2 排放量。分别计算 Matlab 和 PKPM 的单位面积 CO_2 排放量，具体计算结果如表 4-5 所示。

表 4-5　钢筋在加工阶段的 CO_2 排放量计算（kg/m^2）

n	8	9	10	11	12	13	14	15	16
Matlab									
板	4.12	3.57	3.18	2.94	2.71	2.48	2.18	2.15	2.14
梁	2.63	2.78	2.95	3.11	3.26	3.41	3.56	3.71	3.86
柱	1.51	1.67	1.82	1.96	2.10	2.23	2.36	2.49	2.61
整体	8.26	8.02	7.95	8.01	8.07	8.12	8.10	8.35	8.61
PKPM									
板	4.17	3.36	2.87	2.69	2.50	2.35	2.25	2.31	2.22
梁	2.71	2.90	3.02	3.14	3.29	3.43	3.50	3.68	3.88
柱	1.40	1.56	1.73	1.88	2.05	2.18	2.32	2.42	2.64
整体	8.28	7.82	7.62	7.71	7.84	7.96	8.07	8.41	8.74

通过表 4-5 可以看到，在 $n=10$ 时，Matlab 结果最小值为 $7.95kg/m^2$；在 $n=16$ 时，Matlab 结果最大值为 $8.61kg/m^2$。因此，最小 CO_2 排放量（$n=10$）的网格划分方式，最大可以节约 $0.66kg/m^2$。在 $n=10$ 时，PKPM 结果最小值为 $7.62kg/m^2$；在 $n=16$ 时候，PKPM 结果最大值为 $8.74kg/m^2$。因此，最小 CO_2 排放量（$n=10$）的网格划分方式，最大可以节约 $1.12kg/m^2$。

4.6.3 钢筋在运输阶段的 CO_2 排放量计算

根据第 2 章中式（2-4），结合表 2-6 以及本章的表 4-1 和表 4-3，计算 9 个方案中钢筋在运输阶段的 CO_2 排放量。分别计算 Matlab 和 PKPM 的单位面积 CO_2 排放量，具体计算结果如表 4-6 所示。

表 4-6 钢筋在运输阶段的 CO_2 排放量计算（kg/m²）

n	8	9	10	11	12	13	14	15	16
Matlab									
板	0.28	0.24	0.21	0.20	0.18	0.17	0.15	0.14	0.14
梁	0.18	0.19	0.20	0.21	0.22	0.23	0.24	0.25	0.26
柱	0.10	0.11	0.12	0.13	0.14	0.15	0.16	0.17	0.17
整体	0.56	0.54	0.53	0.54	0.54	0.55	0.55	0.56	0.57
PKPM									
板	0.28	0.23	0.19	0.18	0.17	0.16	0.15	0.15	0.15
梁	0.18	0.19	0.20	0.21	0.22	0.23	0.23	0.25	0.26
柱	0.09	0.10	0.12	0.13	0.14	0.15	0.16	0.16	0.18
整体	0.55	0.52	0.51	0.52	0.53	0.54	0.54	0.56	0.59

通过表 4-6 可以看到，在 $n=10$ 时，Matlab 结果最小值为 $0.53kg/m^2$；当在 $n=16$ 时，Matlab 结果最大值为 $0.57kg/m^2$。因此，最小 CO_2 排放量（$n=10$）的网格划分方式，最大可以节约 $0.05kg/m^2$。在 $n=10$ 时，PKPM 结果最小值为 $0.51kg/m^2$；在 $n=16$ 时，PKPM 结果最大值为 $0.59kg/m^2$。因此，最小 CO_2 排放量（$n=10$）的网格划分方式，最大可以节约 $0.08kg/m^2$。

4.6.4 钢筋在回收阶段的 CO_2 排放量计算

根据第 2 章中式（2-5），结合表 2-6 以及本章的表 4-1 和表 4-3，计算 9 个方案中钢筋在回收阶段的 CO_2 排放量。分别计算 Matlab 和 PKPM 的单位面积 CO_2 排放量，具体计算结果如表 4-7 所示。

表 4-7 钢筋在回收阶段的 CO_2 排放量计算（kg/m²）

n	8	9	10	11	12	13	14	15	16
					Matlab				
板	−15.66	−13.55	−12.09	−11.17	−10.28	−9.42	−8.27	−8.16	−8.14
梁	−9.99	−10.58	−11.20	−11.80	−12.39	−12.96	−13.53	−14.09	−14.64
柱	−5.72	−6.35	−6.92	−7.46	−7.97	−8.48	−8.96	−9.44	−9.91
整体	−31.37	−30.48	−30.21	−30.43	−30.64	−30.86	−30.76	−31.69	−32.69
					PKPM				
板	−15.82	−12.77	−10.91	−10.21	−9.49	−8.93	−8.55	−8.78	−8.42
梁	−10.29	−11.00	−11.47	−11.94	−12.48	−13.03	−13.29	−13.96	−14.72
柱	−5.33	−5.94	−6.56	−7.16	−7.77	−8.27	−8.82	−9.20	−10.01
整体	−31.44	−29.71	−28.94	−29.31	−29.74	−30.23	−30.66	−31.94	−33.15

通过表 4-7 可以看到，每种方案都产生了对 CO_2 排放量不同程度的降低。当 n=10 时，Matlab 结果可以降低 30.21kg/m²；当 n=16 时，Matlab 结果可以降低 32.69kg/m²。在 n=10 时，PKPM 结果可以降低 28.94kg/m²；在 n=16 时，PKPM 结果可以降低 33.15kg/m²。

4.6.5 钢筋在整个循环过程的 CO_2 排放量计算

根据第 2 章中式（2-1），汇总上述表 4-4 ~ 表 4-7，计算 9 个方案中钢筋在整个物化能耗循环过程中的 CO_2 排放量。分别计算 Matlab 和 PKPM 的单位面积 CO_2 排放量，具体计算结果如表 4-8 所示。

表 4-8　钢筋在整个循环过程的 CO_2 排放量计算 ／ (kg/m^2)

n	8	9	10	11	12	13	14	15	16
Matlab									
板	33.98	29.39	26.23	24.24	22.30	20.44	17.94	17.71	17.65
梁	21.68	22.95	24.29	25.61	26.89	28.12	29.35	30.59	31.77
柱	12.42	13.77	15.01	16.19	17.31	18.39	19.45	20.48	21.50
整体	68.08	66.11	65.53	66.04	66.50	66.95	66.74	68.78	70.92
PKPM									
板	34.33	27.70	23.66	22.16	20.58	19.37	18.56	19.03	18.29
梁	22.32	23.86	24.90	25.92	27.08	28.27	28.83	30.29	31.95
柱	11.56	12.89	14.23	15.54	16.85	17.95	19.15	19.97	21.71
整体	68.21	64.45	62.79	63.62	64.51	65.59	66.54	69.29	71.95

通过表 4-8 可以看到，在 $n=10$ 时，Matlab 结果最小值为 $65.53kg/m^2$；在 $n=16$ 时，Matlab 结果最大值为 $70.92kg/m^2$。因此，最小 CO_2 排放量（$n=10$）的网格划分方式，最大可以节约 $5.39kg/m^2$。在 $n=10$ 时，PKPM 结果最小值为 $62.79kg/m^2$；在 $n=16$ 时，PKPM 结果最大值为 $71.95kg/m^2$。因此，最小 CO_2 排放量（$n=10$）的网格划分方式，最大可以节约 $9.16kg/m^2$。

从上述对每个阶段和整个循环过程 CO_2 排放量的分析，能够看出选择一个最佳钢筋用量的方案可以使钢筋从"摇篮"到"重生"过程中获得对耗能的最大收益。因此，在建筑的设计初期选择一个优秀的设计方案，从结构与环境效益的角度出发，是非常有必要的。

另外，本章提出的是解析函数，可以在设计前对结构进行预先计算，并能在较短时间内得到哪种网格划分形式的钢筋用量最少。而如果采用设计软件对每个方案分别进行设计，则需要花费较长的时间，消耗人力以及设计所需的电等资源。所以，本章提出的方法，可为设计人员提供有效的设计参考，具备预估效应。并

建筑结构低碳设计

且，本章提出的是一种涉及环境效益的绿色计算，以此为平台，在进行其他方面的研究时，也可以作为参考。

利用表 4-8 的数据，抽离排放量最大和最小时，即当 $n=10$ 和 $n=16$ 时的 CO_2 排放量，进行构件之间的分析对比。分别计算这两种情况下，板、梁、柱在总体 CO_2 排放量中所占的比例。

当 $n=10$ 时，各构件的比例份额如图 4-13 所示。其中图 4-13（a）是根据 Matlab 结果计算得到的，图 4-13（b）是根据 PKPM 结果得到的。

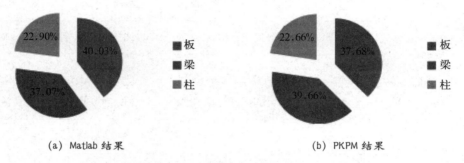

（a）Matlab 结果　　　　　　　　　　（b）PKPM 结果

图 4-13　各构件 CO_2 排放量所占比例（$n=10$）

当 $n=16$ 时，各构件的比例份额如图 4-14 所示。其中图 4-14（a）是根据 Matlab 结果计算得到的，图 4-14（b）是根据 PKPM 结果得到的。

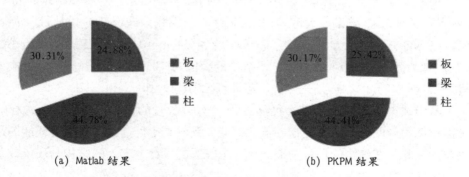

（a）Matlab 结果　　　　　　　　　　（b）PKPM 结果

图 4-14　各构件 CO_2 排放量所占比例（$n=16$）

从图 4-13 和图 4-14 中可以看出，根据网格划分的不同方案，每种构件在整个 CO_2 排放中所占的比例份额角色不是一成不变的。

当 $n=10$ 时，板、梁、柱所占比例分别是 40.03%、37.07%、22.90%（Matlab

结果）和 37.68%、39.66%、22.66%（PKPM 结果）。其中两个结果能够确定的是柱子所占比例最小，而板、梁所占比例虽然在两个结果中的计算不同，但是两者相差不大。因此，在本工程的 CO_2 排放量分析中，可以认为在 $n=10$ 时，应当着重理解板与梁的环境效益。若采取提高板、梁钢筋强度等级等恰当措施可以较大幅度降低 CO_2 的排放量。

当 $n=16$ 时，板、梁、柱所占比例分别是 24.88%、44.78%、30.31%（Matlab 结果）和 25.42%、44.41%、30.17%（PKPM 结果）。其中两个结果中都显示梁所占比例最大；板所占比例最小。所以，在本工程的 CO_2 排放量分析中，可以认为在 $n=16$ 时，应当着重理解梁的环境效益。采取有效措施提高梁的钢筋利用率，可以较大幅度降低 CO_2 的排放量。

另外，在表 4-4 ~ 表 4-7 中每个阶段的 CO_2 排放量数据同样验证了第 1 章和第 2 章的内容，即狭义物化能概念下的材料 CO_2 排放量，生产阶段是最大的耗能阶段，运输阶段最小，而回收阶段在减少 CO_2 排放量方面起到了显著的作用。措施将有的放矢地展开：提高材料的生产技术，最大限度地降低生产能耗；加大对可回收建材的回收力度。

关于减少生产阶段的 CO_2 排放量，目前已有许多措施正在进行。例如，近年来不少钢铁企业开始结合生产实际进行一系列技术改造来提高转炉煤气的吨钢回收量和回收质量。转炉煤气是现代炼钢生产过程中产生的二次能源，即将产生的 CO_2 转换为 CO 的煤气形式，它的回收占整个转炉工序能源回收总量的 80% ~ 90%[98, 99]。日本等发达国家的吨钢回收煤气已高达 $110m^3$。

4.7 小结

本章提出的是一种优化钢筋混凝土框架结构单位面积配筋量的方法。其技术路线是以三个主要承重构件板、梁和柱为对象，探索板、梁尺寸及柱数目变化，对构件内力分布和配筋量的影响。具体内容是将一个纵、横向长度给定的几何矩形建筑，对尺寸较长边进行不同长度的均匀网格划分（每个网格线焦点都设有一根柱子），在每种划分情况下得到 n 个面积相同的网格。一般地，随着 n 的增大，板面积及梁跨度减小，板的配筋变小，梁与柱的配筋则增加。此时，n 或许存在一个数值，使板、梁和柱的总体单位面积配筋量达到极值。基于此想法，本章模拟一层钢筋混凝土框架结构，分别对板、梁、柱的配筋进行配筋公式推导，得到 n 与三个构件配筋体积 V 的函数关系，并进一步转换成单位面积配筋量 m 与 n 的关系。以 n 为优化变量，利用 Matlab 进行数值化，获得函数变化及最小值，最后通过具体案例演示。基于这种分析思路，在非建筑领域，M. Djevic 和 A. Dimitrijevic[100] 提出了与本文异曲同工的节能分析方案，在不同类型结构的塑料覆盖温室内观察生菜的生产情况。为了确定温室结构是否对能量消耗有影响，M. Djevic 和 A. Dimitrijevic 设计了四种温室结构，分别是：两种隧道结构 9m×58m 和 8m×25m；一种连栋结构 2m×7m 宽，39 m 长；一种多跨结构 20m×6.4m 宽，42m 长。结果显示：最低能耗的是多跨结构，9.76MJ/m²；最高能耗的是隧道结构 9m×58 m，13.939.76MJ/m²。最高输入输出率的是多跨结构，0.29；随后是连栋结构，0.21；然后是隧道结构 9m×58m，0.17 和隧道结构 8m×25m，0.15。结果还显示，如果应用多跨结构形式的温室将会提高能量生产。

实际案例的验证，说明利用基础公式对钢筋面积的推导计算，对结构优化设计是有重要参考价值的。同时，本章在案例计算基础上对材料整个物化能各阶段的 CO_2 排放量进行了计算和分析。经过上述内容的详细介绍，本章得出以下结论：

①案例是普通的钢筋混凝土框架结构，平面布局及设计条件等都没有较为特殊或者复杂，与模型设定的环境较为吻合。

②图 4-9 ~ 图 4-12，分别是 Matlab 和 PKPM 两种统计结果下板、梁、柱及框架总体单位面积钢筋用量对比。工程的钢筋用量在板中随 n 的增大而减小；梁与柱随 n 的增大而增大，但是三者之和在 n=8 ~ 10 时减小，在 n=10 ~ 16 时增大，出现了用量最少的 n 值。结果的 4 条曲线发展趋势相同，最优解的 n 值也相同。本章推导得到了函数解析式 [见式（4-41）]，推导过程中做的若干假定，是基于力学原理的。而 PKPM 也存在各类假定，更靠近规范。由上述内容可见，本章的结果与 PKPM 是较为吻合的。

③从环境效益角度出发，针对本案例的 CO_2 排放量计算，表 4-8 显示：在 n=10 时，Matlab 结果最小值为 65.53kg/m²；当 n=16 时，Matlab 结果最大值为 70.92kg/m²。因此，最小 CO_2 排放量的网格划分方式，最大可以节约 5.39kg/m²。在 n=10 时，PKPM 结果最小值为 62.79kg/m²；当 n=16 时，PKPM 结果最大值为 71.95kg/m²。因此，最小 CO_2 排放量的网格划分方式，最大可以节约 9.16kg/m²。从而可见，选取一个最优的建筑设计方案对减少整个工程的 CO_2 排放量是非常有必要的。

④图 4-14 和图 4-15 显示，根据本案例网格划分的不同方案，每种构件在

整个 CO_2 排放中所占的比例不是一成不变的。板、梁、柱在每种方案中的受重视程度是不同的。

⑤目前的多数优化研究，都是基于复杂的数学算法。而本章则是针对基本公式的讨论，赋予了诸多限制条件，结果也较为理想。这是本章的一个突破点。

⑥以基础公式为出发点的优化形式，具备土木知识的人很快就可以理解，不用学习模糊理论、神经网络等高深的数学理论。

⑦本章提出的是解析函数，计算时间少。采用设计软件对每个方案分别进行设计，则需要花费的时间很长。因此，文章的方法可在较短时间内完成，为设计人员提供有效的设计参考，具备预估效应。这不仅节省了设计人员的方案选择时间，还提升了经济效益。

⑧还有很多内容需要进行讨论，例如，经济效益、碳排放量、混凝土用量。另外，本章的设计模型及案例采用的是简单框架结构，需要对常见的钢混结构进行系统的分类和研究，对高层或者框剪结构等复杂结构类型也有待完善。同时，基础是结构的一个很重要的部分，本章仅对上部承重结构做了分析。若上部结构的质量发生变化，则会影响到基础的受力。因此，n 的变化对基础配筋设计也有影响。

第 5 章　水平荷载与 CO_2 排放量分析

5.1　分析水平荷载的必要性

第 4 章中已经介绍了关于网格划分形式对框架工程主体承重构件配筋量的影响。内容是关于由平面结构设计方案的不同导致的后果，并且仅考虑了竖向荷载对工程的影响，没有对楼层高度方面及水平荷载的影响做出讨论。本章则主要侧重于这两个方面的分析。

竖向荷载的设计计算主要包括恒荷载、活荷载等，一般按照实际情况或者参照规范取用，情况相对较为稳定。但是，水平荷载包括风荷载、地震荷载等随机性比较强，设计复杂多变。因此，目前大多数的研究多集中于以下两个方面：

一是讨论在随机作用下的结构反应[101, 102]，例如，将框架简化为竖向剪切悬臂杆，在水平随机荷载干扰下，推导出位移反应的均值等公式[103]。

二是简化水平荷载作用的结构设计，优化设计方案。例如，李少泉[104]以框架变形后梁对柱及柱对柱的约束为基础，从梁对柱及柱对柱约束的分配比例出发，推导出柱的侧移刚度及反弯点，提出框架在水平荷载下的近似计算方法。面对对称式高层单跨框架和双肢剪力墙水平荷载不规律的复杂难题，李汝庚[105]等从多高层单跨对称框架的一种解法入手，导出上述框架在任意水平荷载作用下的力法方程组，并提出两种颇为有效的解法：其一是针对其三对角线性方程组的特点，用追赶法求解；其二是用解差分方程的方法。蒋祖荫[106]在综合多层框架各种分析方法的基础上，认为最为合宜的方法：在竖向荷载下应以无侧移的弯矩分配法最为方便；在水平荷载下则以有侧移的弯矩分配法最为简捷。

由此可见，横向水平荷载对整体结构起着至关重要的作用，有必要进行讨论分析。在第 4 章中已经对框架结构中的钢筋进行了计算分析。主要介绍了板在接受竖向荷载后，将荷载传递到梁与柱上的简单过程，没有涉及横向的水平荷载情况。因此，本章对横向荷载单独分析，详细讨论其对整体结构钢筋使用的影响。

横向水平荷载主要包括两种荷载：风荷载和水平地震荷载。以第 4 章的分析为基础，同样采用第 4 章的平面框架分割方式，限定平面框架的纵、横向长度，将板进行等面积的不同数量划分。由于风荷载和水平地震荷载主要对高层建筑产生显著影响。因此，框架模型引入了另一个变量：楼层数 m。目的是具体观察在板块划分数量 n 和框架层数 m 共同影响下，框架的钢筋使用情况。

模型抽离的一层框架形式与第 3 章的模型相同，高度方向的框架模型，是依据平面图形拟定的。每层框架高度是定值，用 H 表示。每层框架柱之间的跨度为 l_y，每层 l_x 梁的梁端只与两根柱子相交，模型平、立面图如图 5-1 所示。其他设计参数以及条件限制与第 4 章的 4.3 相同，在此不再赘述。

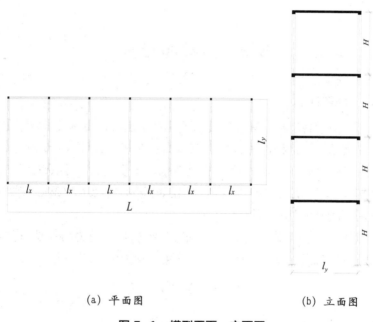

(a) 平面图　　　　　　　　　(b) 立面图

图 5-1　模型平面、立面图

水平荷载主要对柱子产生影响。一般来说，水平荷载作用后，处理为集中荷载作用于梁柱节点。导致每层柱子产生不同的内力，这些内力根据刚度情况，分配给梁单元。因此，水平方向荷载讨论的构件，只针对梁、柱构件，不涉及板单元。对柱体的设计采用底部剪力法。设计内容主要分风荷载作用和水平地震荷载作用两部分。

5.2　设计主要步骤

①提出风荷载作用下的荷载计算公式。

②计算柱子所承担的柱端弯矩剪力，依据基础公式计算柱子的钢筋面积，进而得到变量 m、n 与钢筋体积的关系函数。

③对钢筋体积换算，总结为单位面积下的钢筋质量。

④观察变量 m、n 对钢筋用量的影响状况。

水平地震荷载作用下的计算步骤与风荷载相同，不再赘述（地震荷载作用采用了一个具体案例进行说明验证）。

5.3　风荷载设计

5.3.1　柱的设计

模型中存在 m 层框架，考虑各层承重构件的自重。每层构件组成的荷载重量相同，以 G 表示。每种构件的自重则以英文首字母下标做区别，柱子：G_c；梁：G_b；板：G_s。另外，水平荷载作用下的内力也需要用英文首字母表示，例如风荷载引起的弯矩表示为 M_w，水平地震荷载引起的弯矩则表示为 M_E。公式中 V_{wc} 表示风荷载作用下所有的柱子钢筋体积。

①风荷载作用下柱子的轴力计算：轴力是每层梁的剪力与柱子自重形成的叠加，于是可以得到每层中第 i 根柱子（单根柱）轴力为

$$N_{ci}=（m-i+1）（V_{by}+G_c）$$

梁端剪力表达式为

$$V_{by}=\frac{1}{2}Q_{by}l_y$$

单根柱子的自重为

$$G_c=\gamma_c b_c h_c H$$

②风荷载作用下的柱子剪力计算：风荷载作用于框架，在每层框架节点上形成集中荷载。集中荷载的表达式为：

$$P_{wi} = \beta_{zi}\mu_{si}\mu_{zi}\omega_{0i}A_i \qquad (5-1)$$

式中：β_{zi} 为第 i 层框架高度处的风振系数，对于墙面一般取 1；μ_{si} 为体型系数；μ_{zi} 为框架第 i 层的风压高度变化系数；ω_{0i} 为基本风压；A_i 为一榀框架各层节点的受风面积，顶层受风面积 $A_m=0.5l_xH$，为后面计算简便，假定顶层存在女儿墙等受风墙体。因此，所有的受风面积以 A_i 为准。受风面积可表示为：$A_i=l_xH$，$i=1$，2，3，…，m。

对于同一建筑，模型认为公式中 β_{zi}、μ_{si}、μ_{zi}、ω_{0i} 为不变固定值，调整式（5-1）得到较为简化的计算公式：

$$P_{wi} = \beta_z\mu_s\mu_z\omega_0A_i \qquad (5-2)$$

模型建立的每根柱子的尺寸、材料等都是相同的。因此，其侧移刚度 r_i 均相同。所以模型中，每层的每根柱子平均分配风荷载产生的剪力。那么，在图 5-1 中同层的每根柱子，最后整理得到的风荷载作用下的剪力表达式为：

$$V_{wci} = \frac{1}{2}\sum_{i=1}^{m}P_{wi} = \frac{1}{2}\beta_z\mu_s\mu_z\omega_0\sum_{i=1}^{m}A_i \qquad (5-3)$$

③风荷载作用下弯矩的计算：水平荷载作用下的柱端弯矩，是由水平荷载在柱的中间产生的剪力得到的，其计算图解如图 5-2 所示。

图 5-2　柱端弯矩计算图解

如图 5-2 所示，利用剪力得到柱端弯矩，有 $M_A = M_B = VH/2$，于是可以得到风荷载作用产生的柱端弯矩：

$$M_{wciA} = M_{wciB} = \frac{1}{4} H \beta_z \mu_s \mu_z \omega_0 \sum_{i=1}^m A_i \qquad (5-4)$$

5.3.1.1 柱子的纵向钢筋计算

柱子的设计仍以偏心设计为主，以大偏心设计为例，讨论柱子的钢筋使用情况。根据规范要求，大偏心纵向钢筋的配筋计算公式与第 3 章的式（3-6）和式（3-7）相同。

在计算受拉钢筋 A_s 和受压钢筋 A_s' 的面积时，假定充分使用混凝土的抗压性能，ξ 可取为 ξ_b，$x = \xi_b h_0$，则式（3-6）和式（3-7）将调整为：

$$A_s' = \frac{N_c e - \alpha_1 f_c b h_0^2 \xi_b (1 - 0.5 \xi_b)}{f_y'(h_0 - a')} \qquad (5-5)$$

$$A_s = \frac{\alpha_1 f_c b h_0 \xi + f_y' A_s' - N_c}{f_y} \qquad (5-6)$$

式中：e 为轴向力至钢筋合力中心的距离，$e = \eta e_i + \frac{h_c}{2} - a$，其中 $e_i = \frac{M_c}{N_c} + e_a$，可整理得到 $e = \frac{M_c}{N_c} + O_1$，令 $O_1 = e_a + \frac{h_{0c}}{1400}\left(\frac{l_0}{h_c}\right)^2 \zeta_1 \zeta_2 + \frac{h_c}{2} - a$；$\eta$ 为偏心距增大系数，$\eta = 1 + \frac{1}{1\,400 \frac{e_i}{h_0}}\left(\frac{l_0}{h}\right)^2 \zeta_1 \zeta_2$。

框架模型中，i 层中第 k 根柱（同一层中的柱子计算表达式与结果都相同）的体积计算时，首先应确定钢筋面积情况，纵向钢筋受拉区和受压区钢筋面积之和表示为：

$$A_{swcik} + A'_{swcik} = (m+1-i)\left[(1 - \frac{L^2}{2l_y^2 n^2} + \frac{L^3}{8l_y^3 n^3})\frac{q'Ll_y O_2}{n} + 2G_c O_2\right] +$$

$$O_3 \sum_{i=1}^{m} A_i + O_4 \qquad\qquad (5-7)$$

式中：$O_2 = \dfrac{1}{f_y}(\dfrac{O_1}{h_0 - a'} - \dfrac{1}{2})$；$O_3 = \dfrac{\beta_z \mu_s \mu_z \omega_0 H}{2f_y(h_0 - a')}$；$O_4 = \dfrac{\alpha_1 f_c bh_0 \xi_b}{f_y}\left|1 - \dfrac{2h_{0c}(1 - 0.5\xi_{bc})}{h_0 - a'}\right|$。

那么第 i 层的柱体体积，可以表示为：$V_{swci} = 2n(A_{swcik} + A'_{swcik})H$。

整个框架所有柱的纵向钢筋体积的详细计算公式为：

$$V_{swc} = \sum_{i=1}^{m} V_{swci}$$

$$= \sum_{i=1}^{m} 2nH \left\{ m+1-i \left[\left(1 - \frac{L^2}{2l_y^2 n^2} + \frac{L^3}{8l_y^3 n^3}\right)\frac{q'Ll_y O_2}{n} + 2G_c O_2\right] + \right.$$

$$\left. O_3 \sum_{i=1}^{m} A_i + O_4 \right\} \qquad\qquad (5-8)$$

经重新定义，表示为：

$$V_{swc} = m(m+1)(R_1 + nR_2 - \frac{R_3}{n^2} + \frac{R_4}{n^3}) + mnR_5 \qquad\qquad (5-9)$$

式中：$R_1 = (O_3 + q'l_y O_2)LH$；$R_3 = \dfrac{q'L^3 O_2 H}{2l_y}$；$R_4 = \dfrac{q'L^4 O_2 H}{8l_y^2}$；$R_5 = 2HO_4$。

5.3.1.2　柱子的箍筋计算

柱子的箍筋设计中，基础计算公式与第 3 章式（3-11）相同。

箍筋计算中，第 i 层中第 k 根柱子的箍筋计算面积表示为：

$$A_{svwcik} = \left\{ J_1 \sum_{i=1}^{m} A_i - (m+1-i)\left[\frac{J_2}{n}(1 - \frac{L^2}{2l_y^2 n^2} + \frac{L^3}{8l_y^3 n^3}) + J_3\right] - J_4 \right\}s \quad (5-10)$$

式中：$J_1 = \dfrac{1}{2}\dfrac{\beta_z \mu_s \mu_z w_0}{f_{yv} h_0}$；$J_2 = \dfrac{0.035 q' L l_y}{f_{yv} h_0}$；$J_3 = \dfrac{0.07 G_c}{f_{yv} h_0}$；$J_4 = \dfrac{1.75}{(1+\lambda) f_{yv}} f_t b$。

那么，柱子单元的箍筋体积，可以表示为 $V_{svwcik} = \dfrac{2(b_c + h_c) A_{svwik} H}{s}$。具体计算表达式为：

$$V_{svwcik} = 2(b_c + h_c)\left\{ J_1 H \sum_{i=1}^{m} A_i - (m+1-i)\left[\dfrac{J_2}{n}\left(1 - \dfrac{L^2}{2l_y^2 n^2} + \dfrac{L^3}{8l_y^3 n^3}\right) + J_3 \right] H \right\} - 2(b_c + h_c) J_4 H \tag{5-11}$$

因此，框架第 i 层的柱子体积表达式为 $V_{svwci} = 2n V_{svwcik}$。这样可以得到整体框架所有柱子的箍筋计算体积。具体表达式为：

$$V_{svwc} = \sum_{i=1}^{m} V_{svwci} = m(m+1)\left(T_1 - T_2 n + \dfrac{T_3}{n^2} - \dfrac{T_4}{n^3} \right) - mn T_5 \tag{5-12}$$

式中：$T_1 = 2(b_c + h_c)(J_1 HL - J_2) H$；$T_2 = 2(b_c + h_c) J_3 H$；

$T_3 = (b_c + h_c)\dfrac{L^2 J_2}{l_y^2} H$；$T_4 = (b_c + h_c)\dfrac{L^3 J_2}{4 l_y^3} H$；$T_5 = 4(b_c + h_c) J_4 H$。

综合上述计算，可以得到水平荷载所能影响到的整体框架中柱子的箍筋体积表达式：

$$V_{wc} = m(m+1)\left((R_1 + T_1) + n(R_2 - T_2) + \dfrac{T_3 - R_3}{n^2} + \dfrac{R_4 - T_4}{n^3} \right) + mn(R_5 - T_5) \tag{5-13}$$

5.3.2 梁的设计

选取第 i 层的一个梁柱节点，则由水平荷载产生的梁端弯矩为 $M_b = 2M_c$，其分配情况如图 5-3 所示。由此可产生梁的剪力 $V_b = \dfrac{4M_c}{l_y}$。则依据内力情况，可以对风荷载作用下梁的配筋情况展开讨论。

92

5.3.2.1　梁的纵向钢筋计算

风荷载作用在框架第 i 层中，单根柱单元产生的柱端弯矩在式（5-4）中已经给出。

节点处，将柱子的弯矩分配到梁上。对于 i 节点，两根柱子与一根 l_y 梁相交，如图 5-3 所示。所以，梁的弯矩为两倍的柱端弯矩。但是对于顶层节点则例外，出于计算简便的考虑，假定顶层存在层高一半的墙体，与其他层的弯矩分配情况相同。

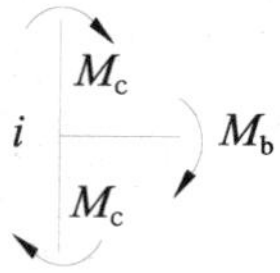

图 5-3　弯矩分配情况

因此，根据 $M_b = 2M_c$ 框架中与柱相交的第 i 层梁端，分配得到的弯矩为 $M_{wbi} = \dfrac{1}{2} H \beta_z \mu_s \mu_z \omega_0 \sum\limits_{i=1}^{m} A_i$。

在此弯矩作用下，第 i 层的单根梁单元的纵向钢筋面积应表示为：

$$A_{swbi} = \frac{\alpha_1 f_c b h_0}{f_y} \left(1 - \sqrt{1 - \frac{H \beta_z \mu_s \mu_z \omega_0 \sum\limits_{i=1}^{m} A_i}{\alpha_1 f_c b h_0^2}} \right) \qquad (5-14)$$

由此，计算单根梁单元的钢筋体积：

$$
\begin{aligned}
V_{swbi} &= A_{swbi} l_y \\
&= \frac{\alpha_1 f_c b h_0 l_y}{f_y} \left(1 - \sqrt{1 - \frac{H \beta_z \mu_s \mu_z \omega_0 \sum\limits_{i=1}^{m} A_i}{\alpha_1 f_c b h_0^2}} \right) \qquad (5-15)
\end{aligned}
$$

风荷载作用下框架所有梁的钢筋体积，具体计算表达式为：

$$V_{swb} = n\sum_{i=1}^{m} V_{swbi}$$

$$\qquad\qquad\qquad\qquad\qquad\qquad\qquad\qquad (5-16)$$

$$= n\sum_{i=1}^{m} \frac{\alpha_1 f_c b h_0 l_y}{f_y}(1 - \sqrt{1 - \frac{H\beta_z \mu_s \mu_z \omega_0 \sum_{i=1}^{m} A_i}{\alpha_1 f_c b h_0^2}})$$

经调整，简便表示为：

$$V_{swb} = n\sum_{i=1}^{m} B_1 (1 - \sqrt{1 - B_1' \sum_{i=1}^{m} A_i})$$

$$\qquad\qquad\qquad\qquad\qquad\qquad\qquad\qquad (5-17)$$

$$= mnB_1 - n\sum_{i=1}^{m} \sqrt{1 - (m+1-i)\frac{B_1'}{n}}$$

式中：$B_1' = \dfrac{\beta_z \mu_s \mu_z \omega_0 L H^2}{\alpha_1 f_c b h_0^2}$。

5.3.2.2 梁的箍筋计算

第 i 层，单根梁单元的箍筋面积在进行公式调整后可以表示为：

$$A_{svwbi} = \frac{V - 0.7 f_t b h_0}{1.25 f_{yv} h_0} s$$

$$\qquad\qquad\qquad\qquad\qquad\qquad\qquad\qquad (5-18)$$

$$= \left(\frac{\beta_z \mu_s \mu_z \omega_0 \sum_{i=1}^{m} A_i}{2.5 f_{yv} h_0} - \frac{0.7 f_t b h_0}{1.25 f_{yv} h_0} \right) s$$

那么，框架第 i 层中，单根梁单元的钢筋体积表达式为：

$$V_{svwbi} = \frac{2(b+h)A_{svwbi} l_y}{s}$$

$$\qquad\qquad\qquad\qquad\qquad\qquad\qquad\qquad (5-19)$$

$$= 2(b+h)l_y \left(\frac{\beta_z \mu_s \mu_z \omega_0 \sum_{i=1}^{m} A_i}{2.5 f_{yv} h_0} - \frac{0.7 f_t b h_0}{1.25 f_{yv} h_0} \right)$$

按照第 3 章网格划分的原则，整体框架中所有梁单元在风荷载作用下，计算箍筋的钢筋体积表达式为：

$$V_{svwb} = n\sum_{i=1}^{m} V_{svwbi}$$

$$= n\sum_{i=1}^{m} 2(b+h)l_y \left(\frac{\beta_z \mu_s \mu_z \omega_0 \sum_{i=1}^{m} A_i}{2.5 f_{yv} h_0} - \frac{0.7 f_t b}{1.25 f_{yv}} \right) \qquad (5-20)$$

经过调整，简便表达式为：

$$V_{svwb} = m(m+1)C_1' - mnC_2' \qquad (5-21)$$

式中：$C_1' = (b+h)\dfrac{\beta_z \mu_s \mu_z \omega_0 LHl_y}{2.5 f_{yv} h_0}$；$C_2' = 1.12(b+h)\dfrac{f_t bl_y}{f_{yv}}$。

将风荷载作用下，梁计算纵向钢筋与箍筋的总体钢筋体积进行合并，从而得到：

$$V_{swb} = mn(B_1 - C_2') + m(m+1)C_1' - n\sum_{i=1}^{m} \sqrt{1 - (m+1-i)\frac{B_1'}{n}} \qquad (5-22)$$

对上述计算进行总结，得到风荷载作用下影响的构架钢筋体积，其具体计算表达式为：

$$V_w = mn(B_1 - C_2' + R_5 - T_5) + m(m+1)[C_1' + R_1 + T_1 + n(R_2 - T_2) + $$

$$\frac{(T_3 - R_3)}{n^2} + \frac{(R_4 - T_4)}{n^3}] - n\sum_{i=1}^{m} \sqrt{1 - (m+1-i)\frac{B_1'}{n}} \qquad (5-23)$$

单位面积下的钢筋用量为 $m_w = \dfrac{V_w \rho}{mLl_y}$。

5.4　水平地震荷载设计

上述 5.3 节已经说明了风荷载作用下变量 m、n 对模型框架钢筋用量的计算，下面将对水平地震荷载作用的设计展开讨论。

地震影响从来都值得建筑界关注。虽然，翟长海[107]认为各国仍在使用依赖过去震害经验的强度折减系数，考虑的因素不全面。但是，各国学者也都在全力进行研究。即使是框架这种简单的结构，其地震效应组合的影响仍难以把握。文献[108-110]都曾探讨过基于多种假定的截面尺寸预估方法。其中有文献[111-113]认为轴压比起控制作用，基于《建筑抗震设计规范》（GB/J 11—1989）对轴压比限值进行了深入研究[114]。主要结论：由轴压比控制往往导致柱的截面偏大，在竖向荷载较大时易形成短柱（剪跨比 $\lambda \leqslant 2$）。

由此可见，抗震设计研究情况多种多样，需要考虑的因素更是纷繁复杂，既是重要性课题又有较大难度。本章则将避开这些难题，简单地分析规则结构的简单抗震设计。目的不是讨论高难度抗震设计，而是观察在水平地震荷载作用下，楼层高度的变化是如何影响钢筋用量及其 CO_2 排放量的。

依据《建筑抗震设计规范》（GB 50011—2010）中的 5.1.2：高度 $\leqslant$ 40m、剪切变形为主，质量、刚度沿高度分布较均匀以及近似单质点体系的结构，可采用底部剪力法。由于设计模型与规范要求基本一致，因此，采用底部剪力简化方法展开讨论。

结构的基本自振周期为 T_1'，有 $T_1' = 0.22 + 0.035 \dfrac{\sum\limits_{i=1}^{m} H}{\sqrt[3]{l_y}} = 0.22 + 0.035 \dfrac{mH}{\sqrt[3]{l_y}}$。

地震影响系数 $\alpha_1' = \left(\dfrac{T_g}{T_1'}\right)^{0.9} \alpha_{\max}$，其中 T_g 为特征周期值；$\alpha_{\max}$ 为水平地震影响系数最大值。

框架总体所承受的水平地震力，由基底剪力法计算可得：

$$F_{EK总} = 0.85\alpha_1' \sum_{i=1}^{m} G_i \qquad (5-24)$$

式中：G_i 为第 i 层重力荷载代表值，由于每层框架各构件，在设计模型中尺寸、材料相同，由 $G = G_i$ 整理各主要承重构件的重力荷载代表值。

板重力荷载代表值：$G_s = A_s h_s r_c$；

梁重力荷载代表值：$G_b = A_b (2L + nl_y) r_c$；

柱重力荷载代表值：$G_c = 2nA_c Hr_c$。

则整体框架各层的重力荷载代表值：$G = (A_b l_y + 2A_c H) r_c n + A_s h_s r_c + 2 A_b L r_c$，由此可将式（5—24）调整为：

$$F_{EK总} = 0.85\alpha_1' \, mG \qquad (5-25)$$

模型结构共存在 $n+1$ 榀框架共同承受水平地震力，则每榀框架所承受的基底剪力为：$F_{EK} = \dfrac{F_{EK总}}{n+1}$。不考虑顶部附加地震荷载作用系数，每榀框架承受的地震作用力分配至各层节点处，可表示为：

$$
\begin{aligned}
F_i &= \frac{G_i H_i}{\sum\limits_{j=1}^{m} G_j H_j} F_{EK} \\
&= \frac{2iGH}{m(m+1)GH} F_{EK} \\
&= \frac{2i}{m(m+1)} F_{EK} \qquad (5-26)
\end{aligned}
$$

模型中每层构件形成的重量相同。所以，作用于框架结构的水平荷载，可以简化为作用于框架节点上的水平集中力。整理后得到框架第 i 层上的节点水平集中力 $F_i = \dfrac{1.7i\alpha_1' \, G}{(m+1)(n+1)}$。

为了表达清晰，第 i 层上的剪力以下标字母 t 表示，以下所有下标 t 的变换与此项相同。因此 M_t 即表示第 i 层的柱端或者梁端弯矩。那么，第 i 层上的单根柱子所分配的剪力为 $V_{Et} = \dfrac{1}{2}\sum\limits_{i=1}^{m} F_i$。

在框架柱端，由剪力形成的弯矩，原理与风荷载作用下相同。因此，得到水平地震荷载作用下，框架第 i 层的柱单元端弯矩：$M_{EctA} = M_{EctB} = \dfrac{1}{4}H\sum\limits_{i=1}^{m} F_i$。

5.4.1　柱的设计

5.4.1.1　柱子的纵向钢筋计算

柱子的偏心设计方法及思路与风荷载相同。在计算框架模型第 i 层中第 k 根柱（同一层中的柱子计算表达式与结果都相同）的体积时，首先确定钢筋面积情况，纵向钢筋受拉区和受压区钢筋面积之和为：

$$A_{sEctk} + A'_{sEctk} = \frac{O'_1 \sum\limits_{i=1}^m i}{(m+1)(n+1)} + (m+1-t)$$

$$\left[\frac{q'Ll_yO_2}{n}(1 - \frac{L^2}{2l_y^2 n^2} + \frac{L^3}{8l_y^3 n^3}) + 2G_cO_2 \right] + O_4 \tag{5-27}$$

式中：$O'_1 = \dfrac{0.85\alpha'_1 HG}{f_y(h_0 - a')}$。

那么，第 i 层的柱体体积可以表示为：$V_{sEct} = 2n(A_{sEctk} + A'_{sEctk})H$。

总体框架的纵向钢筋体积为：

$$V_{sEc} = \sum_{t=1}^m V_{sEct}$$

$$= \sum_{t=1}^m 2nH \left\{ \frac{O'_1 \sum\limits_{i=1}^m i}{(m+1)(n+1)} + (m+1-t) \right.$$

$$\left. \left[\frac{q'Ll_yO_2}{n}(1 - \frac{L^2}{2l_y^2 n^2} + \frac{L^3}{8l_y^3 n^3}) + 2G_cO_2 \right] + O_4 \right\} \tag{5-28}$$

经调整简化后，表达式为：

$$V_{sEc} = m(2m+1)\frac{3n}{n+1}R' + 2m(m+1)$$

$$\left(R'_1 + nR_2 - \frac{R_3}{n^2} + \frac{R_4}{n^3} \right) + mnR_5 \tag{5-29}$$

式中：$R' = \dfrac{O'_1 H}{3}$；$R'_1 = q'Ll_y HO_2$。

5.4.1.2 柱子的箍筋计算

在箍筋计算中，第 i 层中第 k 根柱子的箍筋计算面积为：

$$A_{svEctk} = \left\{ \frac{J_1'}{(m+1)(n+1)} \sum_{i=1}^{m} i - (m+1-t) \right.$$
$$\left. \left[\frac{J_2}{n} \left(1 - \frac{L^2}{2l_y^2 n^2} + \frac{L^3}{8l_y^3 n^3} \right) + J_3 \right] - J_4 \right\} s \tag{5-30}$$

式中：$J_1' = \dfrac{0.85\alpha_1' G}{f_{yv} h_0}$。

柱子单元的箍筋体积可以表示为 $V_{svEctk} = \dfrac{2(b_c + h_c) A_{svEtk} H}{s}$。具体形式如下：

$$V_{svEctk} = 2(b_c + h_c) \left\{ \frac{J_1'}{(m+1)(n+1)} \sum_{i=1}^{m} i - (m+1-t) \right.$$
$$\left. \left[\frac{J_2}{n} \left(1 - \frac{L^2}{2l_y^2 n^2} + \frac{L^3}{8l_y^3 n^3} \right) + J_3 \right] - J_4 \right\} H \tag{5-31}$$

那么，框架第 i 层柱体的体积表达式：$V_{svEct} = 2n V_{svEctk}$。则可以计算整体框架的柱子箍筋体积，表示为 $V_{svEc} = \sum_{t=1}^{m} V_{svEct}$。具体形式如下：

$$V_{svEc} = \frac{3n}{n+1} m(2m+1) T' - 2m(m+1)$$
$$(T_1' + T_2 n - \frac{T_3}{n^2} + \frac{T_4}{n^3}) - mn T_5 \tag{5-32}$$

式中：$T' = \dfrac{2}{3}(b_c + h_c) H J_1'$；$T_1' = 2(b_c + h_c) J_2 H$。

那么，整体框架中水平地震作用所能影响到的柱子的钢筋体积表达式，可以表示为：

$$V_{sEc} = m(2m+1) \frac{3n}{n+1} (R' + T') + 2m(m+1) \left[\begin{array}{c} (R_1' - T_1') + n(R_2 - T_2) + \\ \dfrac{(T_3 - R_3)}{n^2} + \dfrac{(R_4 - T_4)}{n^3} \end{array} \right] + mn(R_5 - T_5)$$

$$(5-33)$$

5.4.2 梁的设计

5.4.2.1 梁的纵向钢筋计算

水平地震作用下，框架第 i 层中，单根柱单元产生的柱端弯矩为：
$M_{\mathrm{EciA}} = M_{\mathrm{EciB}} = \dfrac{1}{4} H \sum\limits_{i=1}^{m} F_i$。因此，框架中与柱相交的第 i 层梁端分配得到的弯矩为

$M_{\mathrm{Eb}i} = \dfrac{1}{2} H \sum\limits_{i=1}^{m} F_i$。在此弯矩作用下，第 i 层的单根 l_y 梁单元的钢筋面积具体计算形式如下：

$$A_{\mathrm{sEb}t} = \frac{\alpha_1 f_c b h_0}{f_y} \left(1 - \sqrt{1 - \frac{0.85 \alpha_1' GH \sum\limits_{i=1}^{m} i}{\alpha_1 f_c b h_0^2 (m+1)(n+1)}} \right) \qquad (5-34)$$

由此，计算单根梁单元的钢筋体积为：

$$\begin{aligned}
V_{\mathrm{sEb}t} &= A_{\mathrm{sEb}t} l_y \\
&= \frac{\alpha_1 f_c b h_0 l_y}{f_y} \left(1 - \sqrt{1 - \frac{0.85 \alpha_1' GH \sum\limits_{i=1}^{m} i}{\alpha_1 f_c b h_0^2 (m+1)(n+1)}} \right)
\end{aligned} \qquad (5-35)$$

框架梁整体，在水平地震作用下的纵向钢筋体积可以表示为：

$$\begin{aligned}
V_{\mathrm{sEb}} &= n \sum\limits_{t=1}^{m} V_{\mathrm{sEb}t} \\
&= n \sum\limits_{t=1}^{m} \frac{\alpha_1 f_c b h_0 l_y}{f_y} \left(1 - \sqrt{1 - \frac{0.85 \alpha_1' GH \sum\limits_{i=1}^{m} i}{\alpha_1 f_c b h_0^2 (m+1)(n+1)}} \right)
\end{aligned} \qquad (5-36)$$

调整为简便形式：

$$V_{sEb} = n\sum_{t=1}^{m} B_1\left[(1-\sqrt{1-(m+t)(m+1-t)\frac{B'}{(m+1)(n+1)}})\right]$$

$$= mnB_1 - n\sum_{i=1}^{m}\sqrt{1-(m+t)(m+1-t)\frac{B'}{(m+1)(n+1)}} \qquad (5\text{--}37)$$

式中：$B' = \dfrac{0.85\alpha_1' GH}{\alpha_1 f_c b h_0^2}$。

5.4.2.2　梁的箍筋计算

第 i 层，单根梁单元的箍筋面积，在进行公式调整后，可以表示为

$A_{svEbi} = \dfrac{V - 0.7 f_t b h_0}{1.25 f_{yv} h_0} s$，具体形式为 $A_{svEbt} = \left[\dfrac{0.85\alpha_1' GH\sum_{i=1}^{m} i}{2.5 f_{yv} h_0 (m+1)(n+1)} - \dfrac{0.7 f_t b h_0}{1.25 f_{yv} h_0}\right] s$。那么，

框架第 i 层中，单根 l_y 梁单元的钢筋体积为 $V_{svEbt} = \dfrac{2(b+h) A_{svEbt} l_y}{s}$。具体形式如下：

$$V_{svEbt} = 2(b+h) l_y \left[\frac{0.85\alpha_1' GH\sum_{i=1}^{m} i}{2.5 f_{yv} h_0 (m+1)(n+1)} - \frac{0.7 f_t b h_0}{1.25 f_{yv} h_0}\right] \qquad (5\text{--}38)$$

按照第 4 章的网格划分原则，整体框架中 l_y 梁单元在水平地震荷载作用下，计算箍筋的钢筋体积为：

$$V_{svEb} = n\sum_{t=1}^{m} V_{svEbt} = n\sum_{t=1}^{m} 2(b+h) l_y \left(\frac{0.85\alpha_1' GH\sum_{i=1}^{m} i}{2.5 f_{yv} h_0 (m+1)(n+1)} - \frac{0.7 f_t b}{1.25 f_{yv}}\right) \quad (5\text{--}39)$$

调整为简便形式：

$$V_{svEb} = m(m+1)(2m+1)\frac{n}{(m+1)n+1} C' - mn C_2' \qquad (5\text{--}40)$$

式中：$C' = \dfrac{0.226(b+h)\alpha_1' \, GHl_y}{f_{yv}h_0}$；$C_2' = \dfrac{1.12 f_t b(b+h)l_y}{f_{yv}}$。

那么，将水平地震荷载作用下梁的纵向钢筋与箍筋体积进行合并，得到总体钢筋体积：

$$V_{sEb} = mn(B_1 - C_2') + \frac{m(2m+1)n}{(n+1)}C' -$$
$$n\sum_{t=1}^{m}\sqrt{1 - \frac{(m+t)(m+1-t)}{(m+1)(n+1)}B'} \qquad (5\text{--}41)$$

最后，对上述计算进行总结得到水平地震荷载作用下所能影响的柱子和梁的钢筋体积，其计算表达式为：

$$V_E = V_{sEb} + V_{sEc}$$
$$= m(2m+1)\frac{n}{n+1}(C' + 3R' + 3T') +$$
$$2m(m+1)\left[(R_1 + T_1) + n(R_2 - T_2) + \frac{(T_3 - R_3)}{n^2} + \frac{(R_4 - T_4)}{n^3}\right] +$$
$$mn(B_1 - C_2' + R_5 - T_5) - n\sum_{t=1}^{m}\sqrt{1 - \frac{(m+t)(m+1-t)}{(m+1)(n+1)}B'} \qquad (5\text{--}42)$$

那么，对于单位面积下的钢筋用量，可以表示为：

$$m_E = \frac{V_E\rho}{mLl_y}$$

通过上述分析，利用推导函数可以迅速计算出水平荷载（风荷载、水平地震荷载）对框架梁、柱钢筋用量的影响。由于计算复杂，且采用案例对比设计繁多，本章仅对水平地震荷载进行详细的比较验证。

5.5 案例介绍

案例继续采用第 3 章中的工程案例，为了简约设计比较，此处将纵向总长度设定为 L_x=18 000mm，横向总长度设定为 L_y=6900mm（按照上述函数推导模型设计，因此 L_y 即为 l_y）。除了结构布局不同，其他设计参数均相同。案例结构设计平、立面图如图 5-4 所示。

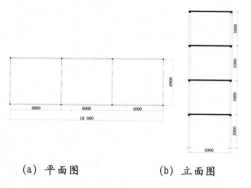

（a）平面图　　　　（b）立面图

图 5-4　案例结构设计平、立面图（单位：mm）

　　由于第 4 章中着重讨论了网格划分形式对建筑各构件以及整体工程的钢筋用量，并且随着楼层高度的增加，水平荷载的影响将更为显著。观察两个变量对钢筋使用的影响，无论是函数推导计算还是软件设计，其工作量都是巨大的。因此，在此将不再针对 n 的影响进行分析。研究内容主要放在 m 的影响状况方面，将函数公式中的 n 固定，观察在水平地震荷载作用下，楼层高度变化对梁、柱钢筋使用情况的影响。案例中 $n=3$，m 的取值为 6，7，…，21。

5.6　计算与设计比较

　　利用 Matlab，根据函数关系式（5-33）、式（5-41）和式（5-42），计算梁、柱钢筋使用情况。具体计算结果见表 5-1。

表 5-1　Matlab 计算单位面积用钢量（kg/m^2）

m	梁	柱	梁＋柱
6	10.582	8.381	18.963
7	10.746	8.600	19.346
8	10.911	8.766	19.677
9	11.079	8.928	20.007
10	11.248	9.300	20.548

103

续表

m	梁	柱	梁+柱
11	11.419	9.776	21.195
12	11.591	10.293	21.884
13	11.765	10.810	22.575
14	11.940	11.326	23.266
15	12.116	11.841	23.957
16	12.294	12.376	24.670
17	12.472	12.900	25.372
18	12.651	13.423	26.074
19	12.832	13.945	26.777
20	13.013	14.467	27.480
21	13.195	14.988	28.183

利用 PKPM 设计软件进行框架设计，统计构件钢筋用量。具体计算结果见表 5-2。

表 5-2 PKPM 计算单位面积用钢量（kg/m²）

m	梁	柱	梁+柱
6	11.036	8.550	19.586
7	11.010	8.552	19.562
8	11.029	8.553	19.582
9	11.079	8.555	19.634
10	11.090	8.556	19.646
11	11.107	8.687	19.794
12	11.111	8.900	20.011
13	11.093	9.310	20.403

m	梁	柱	梁＋柱
14	11.147	9.596	20.743
15	11.152	10.194	21.346
16	11.204	10.781	21.985
17	11.228	11.211	22.439
18	11.285	11.539	22.824
19	11.355	12.226	23.581
20	11.456	13.204	24.660
21	11.460	13.670	25.130

表 5-1 和表 5-2 的数据较为接近，因此保留小数点后 3 位。将上述两种方法得到的结果数据绘制成曲线，如图 5-5 ~ 图 5-7 所示。

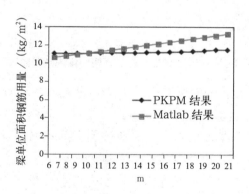

图 5-5　m 对梁钢筋用量的影响曲线

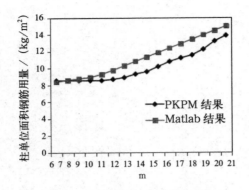

图 5-6　*m* 对柱钢筋用量的影响曲线

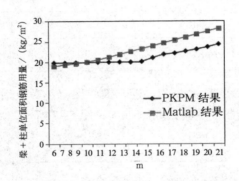

图 5-7　*m* 对（梁 + 柱）钢筋用量的影响曲线

　　由图 5-5 可以看出，*m* 对梁的影响并不显著。PKPM 设计结果曲线几乎为平行直线，而 Matlab 计算结果为上升直线，不过上升幅度不大。从数据表中能够较为准确地知道，随着 *m* 的增大，梁单位面积的钢筋用量是不断增加的。在这一点上，Matlab 与 PKPM 所呈现的是相同的发展。

　　图 5-6 是变量 *m* 对柱的影响曲线。在水平地震荷载作用下，楼层的增加将使单位面积柱子的钢筋用量增加。PKPM 设计结果显示，当 *m* > 10 时，曲线呈现明显的增加趋势；而当 *m* ≤ 10 时，柱子的曲线较为平缓，没有太大变化。Matlab 计算结果显示，曲线是一直在呈增加状态上升的，在 *m* ≤ 10 的部分发展上升增长幅度相较 *m* > 10 的部分没有那么大。从表 5-1 和表 5-2 中的数据也可以看出，随着 *m* 的增大，柱子的单位面积钢筋用量是在不断增大的。

　　将上述两种构件的结果相加即可得到图 5-7 中的曲线。结果表明随着 *m* 的增大，梁与柱共同统计的单位面积钢筋用量是不断增加的。

由上述结果可以判断，针对本章提出的案例，在水平地震荷载作用下，计算构件的单位面积钢筋用量随着楼层的增加在不断增大。因此，不论出于荷载设计的考虑还是耗材角度的研究，应该说都不提倡设计较高层的建筑。另外，两种方法得到的结果也显示，在本例中 Maltab 的计算结果可以较为客观地反映 PKPM 的设计结果。仅就本例而言，本章所推导函数关系的计算与 PKPM 设计结果较为吻合，可以作为一种设计参考。

5.7　案例 CO_2 排放量计算

通过上述分析计算，两种方法的结论较为接近。下面将对 CO_2 在各个阶段的排放量进行详细计算。为了简便地说明问题，采用的单位面积钢筋用量只选用 PKPM 的结果。具体计算方法和系数与第 4 章的 4.7.1 ~ 4.7.5 小节相同。

5.7.1　钢筋在生产阶段的 CO_2 排放量计算

分别计算钢筋在生产阶段的单位面积 CO_2 排放量，具体计算结果见表 5-3。

表 5-3　钢筋在生产阶段的单位面积 CO_2 排放量计算（kg/m^2）

m	梁	柱	梁＋柱
6	28.694	22.230	50.924
7	28.626	22.235	50.861
8	28.675	22.238	50.913
9	28.805	22.243	51.048
10	28.834	22.246	51.080
11	28.878	22.586	51.464
12	28.889	23.140	52.029
13	28.842	24.206	52.048
14	28.982	24.950	53.932
15	28.995	26.504	55.499
16	29.130	28.031	57.161
17	29.193	29.149	58.342

m	梁	柱	梁＋柱
18	29.341	30.001	59.342
19	29.523	31.788	61.311
20	29.786	34.330	64.116
21	29.796	35.542	65.338

由表 5-3 可知，楼层为 6 时梁与柱的钢筋在生产阶段的 CO_2 排放量比楼层为 21 时，CO_2 排放量可节约 14.414kg/m²。

5.7.2 钢筋在加工阶段的 CO_2 排放量计算

分别计算钢筋在加工阶段的单位面积 CO_2 排放量，具体计算结果见表 5-4。

表 5-4 钢筋在加工阶段的单位面积 CO_2 排放量计算（kg/m²）

m	梁	柱	梁＋柱
6	2.616	2.026	4.642
7	2.609	2.027	4.636
8	2.614	2.027	4.641
9	2.626	2.028	4.654
10	2.628	2.028	4.656
11	2.632	2.059	4.691
12	2.633	2.109	4.742
13	2.629	2.206	4.835
14	2.642	2.274	4.916
15	2.643	2.416	5.059
16	2.655	2.555	5.210
17	2.661	2.657	5.318
18	2.675	2.735	5.410
19	2.691	2.898	5.589
20	2.715	3.129	5.844

m	梁	柱	梁+柱
21	2.716	3.240	5.956

由表 5-4 可知，楼层为 6 时梁与柱的钢筋在加工阶段的 CO_2 排放量比楼层为 21 时，CO_2 排放量可节约 $1.314\mathrm{kg/m^2}$。

5.7.3　钢筋在运输阶段的 CO_2 排放量计算

分别计算钢筋在运输阶段的单位面积 CO_2 排放量，具体计算结果见表 5-5。

表 5-5　钢筋在运输阶段的单位面积 CO_2 排放量计算（$\mathrm{kg/m^2}$）

m	梁	柱	梁+柱
6	0.175 03	0.135 60	0.311 03
7	0.174 62	0.135 63	0.310 25
8	0.174 92	0.135 65	0.310 57
9	0.175 71	0.135 68	0.311 39
10	0.175 89	0.135 70	0.311 59
11	0.176 16	0.137 78	0.313 94
12	0.176 22	0.141 15	0.317 37
13	0.175 93	0.147 66	0.323 59
14	0.176 79	0.152 19	0.328 98
15	0.176 87	0.161 68	0.338 55
16	0.177 70	0.170 99	0.348 69
17	0.178 08	0.177 81	0.355 89
18	0.178 98	0.183 01	0.361 99
19	0.180 09	0.193 90	0.373 99
20	0.181 69	0.209 42	0.391 11
21	0.181 76	0.216 81	0.398 57

注：为在比较数据时明显，表格数据保留小数点后 5 位。

由表 5-5 可知，楼层为 6 时梁与柱的钢筋在运输阶段的 CO_2 排放量比楼层为 21 时，可节约 $0.087\ 54\mathrm{kg/m^2}$。

5.7.4　钢筋在回收阶段的 CO_2 排放量计算

分别计算钢筋在回收阶段的单位面积 CO_2 排放量，具体计算结果见表5—6。

表5—6　钢筋在回收阶段的单位面积 CO_2 排放量计算（kg/m^2）

m	梁	柱	梁＋柱
6	−9.932	−7.695	−17.627
7	−9.909	−7.697	−17.606
8	−9.926	−7.698	−17.624
9	−9.971	−7.700	−17.671
10	−9.981	−7.700	−17.681
11	−9.996	−7.818	−17.814
12	−10.000	−8.010	−18.010
13	−9.984	−8.379	−18.363
14	−10.032	−8.636	−18.668
15	−10.037	−9.175	−19.212
16	−10.084	−9.703	−19.787
17	−10.105	−10.090	−20.195
18	−10.157	−10.385	−20.542
19	−10.220	−11.003	−21.223
20	−10.310	−11.884	−22.194
21	−10.314	−12.303	−22.617

由表5—6可知：回收阶段楼层为6时，CO_2 排放量可节约 $17.627kg/m^2$；楼层为21时，CO_2 排放量可节约 $22.617kg/m^2$。

分别计算钢筋在整个过程中的单位面积 CO_2 排放量，具体计算结果见表5—7。

110

表 5-7　钢筋在整个过程中的单位面积 CO_2 排放量计算（kg/m²）

m	梁	柱	梁＋柱
6	21.552	16.697	38.249
7	21.501	16.701	38.202
8	21.538	16.703	38.241
9	21.636	16.707	38.343
10	21.657	16.709	38.366
11	21.690	16.964	38.654
12	21.698	17.380	39.078
13	21.663	18.181	39.844
14	21.769	18.740	40.509
15	21.778	19.907	41.685
16	21.880	21.054	42.934
17	21.927	21.894	43.821
18	22.038	22.534	44.572
19	22.175	23.876	46.051
20	22.372	25.786	48.158
21	22.380	26.696	49.076

　　由表 5-7 可知，楼层为 6 时梁与柱的钢筋在整个物化能循环阶段的 CO_2 排放量比楼层为 21 时，可节约 10.827kg/m²。从环境效益角度出发，表 5-3～表 5-7 的计算结果显示，在进行结构设计时水平地震荷载作用下影响的本案例梁、柱钢筋的 CO_2 排放量，是随着楼层的不断增加而逐渐增大的。因此，不提倡在本案例中采用高层或超高层建筑。另外，当楼层 $m=6～10$ 时，总体 CO_2 排放量的数据浮动不明显。由具体数值也可以看出此范围内的差别不大。因此，针对本案例设计的钢材 CO_2 排放量，可以考虑在此范围内选择设计。

5.8　小结

本章主要介绍了横向荷载作用下框架钢筋的用量及 CO_2 排放量问题。首先使用与第 4 章相同的方法进行基础理论推导，主要是针对风荷载和水平地震荷载的内容展开。虽然没有对风荷载的作用使用案例分析进行验证，但是针对水平地震荷载作用引用了一个具体的案例进行说明，并借助 Matlab 软件进行编程计算，然后利用 PKPM 设计软件进行验证。通过上述内容较为详细的分析，得到了关于本章的几点结论，具体内容包括以下几点。

①利用规范基础公式，对风荷载和水平地震荷载作用下梁、柱钢筋的体积用量进行了较为完整的推导计算。

②利用一个具体框架案例对水平地震荷载作用对钢筋用量的影响情况进行了阐述。案例采用的设计布局与模型相一致，两种方法的计算结果也较为吻合。因此，在本案例中函数推导对方案比选是有参考价值的，具备了预估效应。

③由案例的 CO_2 排放量结果可以看出：随着楼层高度的增加，从环境效益出发是越来越不利的。

④本章的分析是对第 4 章的一个弥补计算，将两章内容合并即可较为完整地审视建筑材料的低碳设计。

第6章 基础设计与 CO_2 排放量分析

6.1 分析基础的必要性

基础和岩土工程设计是整体建筑抵抗连续倒塌的重要组成部分，也是承受异常荷载作用下需要重点考虑的对象[115]。基础的设计不像地上结构，它受到许多环境因素的限制，在许多特殊地质条件情况下需要进行特殊处理，将加大设计及施工的难度。例如，沿美国哈肯萨克河和哈得逊河的新泽西州北部地区存在一个巨大的沼泽，由于类似地质环境容易产生过度沉降、承载力低、高水位、冻胀、腐蚀电位等问题，恶劣的地质条件和环境历史使得该地区的建筑基础设计和施工工作开展起来非常困难[116]。从上面内容可以看出，基础的设计是建筑的重要组成部分，也是难以处理的问题。因此，对基础展开讨论和分析是非常有必要的，关于其 CO_2 排放量的内容更是需要分析。下面将在第4章、第5章的框架模型基础上进行建筑的基础内力计算。

6.2 基础设计

6.2.1 竖向荷载基础计算

根据第4章的框架模型和计算，考虑单层框架在竖向荷载作用下基础的内力计算。

6.2.1.1 基础弯矩计算

面荷载引起的弯矩：$M_{\mathrm{f}} = \dfrac{1}{24}(1 - 2\alpha^2 + \alpha^3)q'l_x l_y^2$；

梁自重引起的弯矩：$M_{gf} = \dfrac{1}{24} q_{gb} l_y^2$。

6.2.1.2　基础轴力计算

1. 梁剪力传递形成的轴力

面荷载引起的轴力：$N_{sf} = \dfrac{1}{6}(1 - 2\alpha^2 + \alpha^3) q' l_x l_y$；

梁自重引起的轴力：$N_{gsf} = \dfrac{1}{6} q_{gb} l_y$。

2. 弯矩形成的轴力

面荷载引起的轴力：$N_{mf} = \dfrac{1}{12b_c}(1 - 2\alpha^2 + \alpha^3) q' l_x l_y^2$；

梁自重引起的轴力：$N_{gmf} = \dfrac{1}{12b_c} q_{gb} l_y^2$。

轴力在柱子中存在传递。因此，若工程为 m 层，那么，基础轴力认为是每一层的代数和，公式中内力表示为 m 倍计算值。

6.2.2　水平荷载基础计算

根据第 5 章的内容，考虑水平荷载作用下基础内力的计算。

6.2.2.1　风荷载作用下基础内力计算

弯矩：$M_{wf} = \dfrac{m}{3n} \beta_z \mu_s \mu_z \omega_0 L H^2$；

剪力：$V_{wf} = \dfrac{m}{2n} \beta_z \mu_s \mu_z \omega_0 L H$；

轴力：$N_{wf} = \dfrac{m}{2n l_y} \beta_z \mu_s \mu_z \omega_0 L H^2$。

6.2.2.2　水平地震荷载作用下基础内力计算

弯矩：$M_{ef} = \dfrac{0.28 m \alpha_1' GH}{n+1}$；

剪力：$V_{ef} = \dfrac{0.425 m \alpha_1' G}{n+1}$；

轴力：$N_{ef} = \dfrac{0.425 m \alpha_1' GH}{l_y(n+1)}$。

上述三种因素都会造成基础内力变化，可以根据不同的荷载组合形式得到相关工况的基础综合内力值。

由于基础的设计较为复杂且需要考虑的因素较多，因此，本章案例演示中，仅对函数推导的内力值与软件计算的内力值进行比较。

6.3　案例分析

工程案例的上部结构设计材料取自第 4 章的内容，基础采用柱下独立基础形式。基础设计所需资料如下（自上而下）：

①杂填土，厚度 0.5m；

②粉质黏土，厚 1.2m，软塑，潮湿，承载能力特征值 f_{ak}=130kN/m²；

③黏土，厚 1.5m，可塑，稍湿，承载能力特征值 f_{ak}=180kN/m²；

④全风化砂质泥岩，厚 2.7m，承载能力特征值 f_{ak}=240kN/m²；

⑤强风化砂质泥岩，厚 3.0m，承载能力特征值 f_{ak}=300kN/m²；

⑥中风化砂质泥岩，厚 4.0m，承载能力特征值 f_{ak}=620kN/m²。

地下水对混凝土无侵蚀性，地下水位深度位于地表下 1.5m，室外地坪标高同自然地面，室内外高差 450mm，基础材料为 C20 混凝土。

6.3.1　基础内力比较

首先根据上述 6.2 节推导函数，对基础的内力进行计算。因此，公式中 m=4，n=8，9，10，…，16，具体计算结果见表 6-1。

表 6-1 Matlab 内力结果

N/kN	V/kN	$M/$ (kN·m)
1395.68	26.38	108.77
1293.08	23.45	105.11
1208.79	21.11	100.59
1155.92	19.19	95.88
1152.62	17.589	91.29
1159.94	16.24	86.96
1161.35	15.08	82.94
1162.01	14.07	79.23
1168.78	13.19	75.82

利用 MIDAS GEN 对基础的内力进行计算。9 种跨度设计中，每个方案都是双轴对称。只选择 1/4 部分进行分析统计。在统计结果中选择每个方案的 A 轴和 B 轴中最大的受力作为设计代表值，如图 6-1 所示。对比之后选择由永久荷载效应控制的基本组合为设计荷载，具体采用的设计荷载见表 6-2。

表 6-2 MIDAS 内力结果

n	A 轴			B 轴		
	N/kN	V/kN	$M/$ (kN·m)	N/kN	V/kN	$M/$ (kN·m)
8	1121	28	126	1224	30	120
9	965	25	125	1064	28	119
10	712	20	121	898	27	118
11	706	18	120	859	26	118
12	781	17	120	910	24	117
13	766	16	119	912	23	116
14	748	15	119	914	22	115
15	760	15	118	937	22	115
16	731	14	118	954	21	114

将表6-1与表6-2绘制成曲线做比较，选择表6-2中数值较大的计算值（由于实际的布局安排并非均匀划分，而所有内力是选取最大值，因此造成了折线的波动性）。

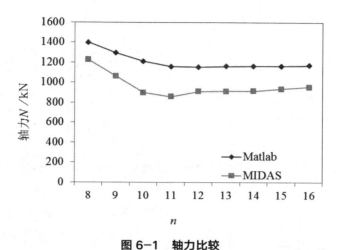

图 6-1　轴力比较

由图6-1可以看出，基础计算轴力数值较为接近，两种计算方法在 $n=10$、11时出现变化，改变了轴力的发展趋势。

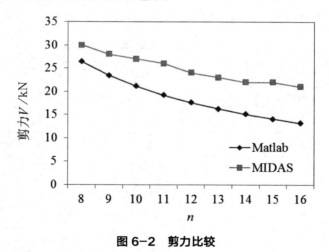

图 6-2　剪力比较

由图6-2可以看出，函数推导曲线逐渐降低，MIDAS结果则是折线变化，但还是有降低的趋势。

图6-3显示，MIDAS在 $n=10$ 之后变化不太明显，Matlab结果是逐渐降低的。

117

建筑结构低碳设计

比较三种内力发现，虽然 Matlab 结果无法准确反映 MIDAS 内力，但是，却有趋势描述。

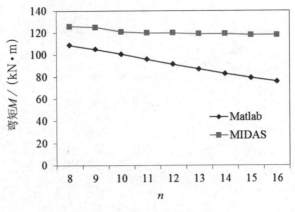

图 6-3　弯矩比较

6.3.2　基础设计及材料用量

由于基础设计类型较多，选择简单的柱下独立基础，使用第 3 章的式（3-12）和式（3-13）进行基础尺寸选择，采用式（6-1）进行基础配筋计算。使用的内力值选择表 6-2 中的结果。具体计算结果见表 6-3。

表 6-3　独立基础设计

n	A 轴				
	l/m	b/m	d/m	V/m3	H/m
8	3.4	3	0.6	4.67	1.7
9	3.2	2.8	0.6	4.12	1.7
10	2.5	2.3	0.35	1.51	1.3
11	2.5	2.1	0.35	1.38	1.1
12	2.8	2.6	0.4	2.05	1.5
13	2.6	2.5	0.4	1.84	1.3
14	2.4	2.4	0.35	1.51	1.3
15	2.4	2.2	0.35	1.39	1.3
16	2.5	2.2	0.35	1.45	1.3

续表

n	B 轴				
	l/m	b/m	d/m	V/m³	H/m
8	3.3	2.9	0.6	4.01	2.2
9	3	2.5	0.6	3.16	2.2
10	3	2.5	0.5	2.41	1.5
11	2.6	2.6	0.4	1.91	1.5
12	3.2	2.8	0.5	2.86	1.7
13	2.8	2.8	0.5	2.52	1.7
14	2.8	2.6	0.5	2.34	1.7
15	2.9	2.6	0.5	2.42	1.7
16	2.7	2.5	0.4	1.9	1.5

注：l 为基础底长；b 为基础底宽；d 为基础高；V 为基础体积；H 为基底埋深。

　　基础的施工情况较为重要，因此本章将 CO_2 的分析着重放在基础的开挖施工上。由表 6-3 中的几何参数可以得到每个方案的基础混凝土体积和挖土量。A 轴、C 轴所有基础采用的混凝土几何尺寸是 A 轴计算尺寸；B 轴、D 轴则采用 B 轴结果。这样，可以得到每个方案所有独立基础的混凝土体积。基础开挖就是按照最大的基底埋深进行施工，不考虑放坡等施工措施，仅以实际建筑占地面积为标准计算基础开挖量。不同方案的开挖量比较，实际就是基底埋深的比较，这样更能体现柱底受力情况对施工量及施工难度的影响。具体场地施工的土石方量及材料用量如表 6-4 所示。

表 6-4　土石方量及材料用量

n	8	9	10	11	12	13	14	15	16
混凝土体积 /m³	156.1	145.6	86.3	78.9	127.7	121.9	115.7	122.1	113.9
钢筋质量 /t	7.2	5.7	4.5	4.2	5.8	5.7	5.6	6.0	6.9
开挖量 /m³	1753	1753	1196	1196	1355	1355	1355	1355	1196
填土量 /m³	1597	1608	1109	1117	1227	1233	1239	1233	1082

　　根据表 6-4 绘制材料用量曲线图，如图 6-4 所示。

建筑结构低碳设计

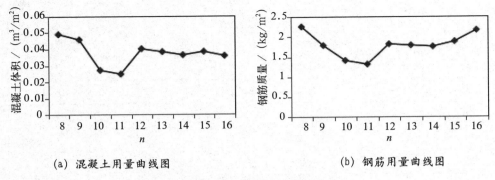

(a) 混凝土用量曲线图   (b) 钢筋用量曲线图

图6-4　材料用量曲线图

由图6-4可以看出，基础材料用量最少的方案是 $n=11$。虽然与第3章的上部结构最优方案有所不同，但是，$n=10$ 时的材料用量与 $n=11$ 时的材料用量差别不大。

6.3.3　施工设备 CO_2 排放量分析

6.3.3.1　施工设备的取用情况

1. 挖掘机

挖掘机的挖斗按材质分为标准斗、加强斗、岩石斗、碎石斗等类型，挖掘机一般采用柴油。标准斗材料选用国产优质高强度结构钢16Mn，适用于一般黏土、松土的挖掘和沙、土、砾石的装载等较轻作业环境。影响挖掘机工作效率的因素有很多，如挖掘机的动力特性、驾驶员的操作技术等。本章讨论的情况不考虑这些外在因素，按照一辆挖掘机进行工作的方式计算，现指定施工使用日立ZX200-3（国产）挖掘机，其性能参数如附录B所示。

挖掘机的理论生产率计算公式[117]如下：

$$Q=60qn \tag{6-1}$$

式中：Q 为理论生产率，m^3/h；n 为每分钟工作循环次数理论值，次／分钟，一般取2.5次／分钟；q 为铲斗几何容量，m^3。

整理得到的挖掘机施工过程的理论平均 CO_2 排放量公式为：

$$T_w = \sum_{i=1}^{m} \frac{M_{wi}}{60q_i n_i} V_i \rho N \tag{6-2}$$

120

式中：T_w 为挖掘机施工过程的 CO_2 排放量，kg；M_{wi} 为第 i 辆挖掘机平均耗油量，L/h；n_i 为第 i 辆挖掘机每分钟工作循环次数理论值，次／分钟；q 为第 i 辆挖掘机铲斗几何容量，m^3；ρ 为挖掘机采用的柴油密度，kg/L；V_i 为第 i 辆挖掘机挖掘土石方量，m^3；N 为柴油 CO_2 排放因子。

本章计算日立 ZX200-3（国产）挖掘机的理论生产率：$Q=120m^3/h$。挖掘机耗柴油 22L，则单位耗油量为 $0.183L/m^3$。得到 1L 柴油排放 $2.709tCO_2$。

2．装载机

采用 ZL50C 柳工装载机，性能参数如附录 B 所示。分析得到的装载机在施工过程中的理论 CO_2 排放量公式为：

$$T_z = \sum_{i=1}^{m} \frac{s_i}{v_i} M_{zi} \rho N \qquad (6-3)$$

式中：T_z 为装载机施工过程中的 CO_2 排放量，kg；s_i 为第 i 辆装载机进行土石方运输时的运输总路程，km；v_i 为第 i 辆装载机的行驶速度，km/h；M_{zi} 为第 i 辆装载机平均耗油量，L/h。

6.3.3.2　施工设备 CO_2 排放量计算

假设建筑场地距离土方堆积地有 1km，按照一辆装载机和一辆挖掘机进行施工的方式计算，得到两种机械设备在土石方处理过程中的 CO_2 排放量，具体见表 6-5。

表 6-5　场地设备 CO_2 排放量（kg/m^2）

n	8	9	10	11	12	13	14	15	16
挖掘机	272.7	272.7	184.9	184.9	210.7	210.7	210.7	210.7	185.9
装载机	10 129.3	10 160.8	6 726.6	6 748.6	7 777.8	7 795.2	7 813.5	7 794.6	6 844.4
合计	10 402	10 433.5	6 911.5	6 933.5	7 988.5	8 005.9	8 024.2	8 005.3	7 030.3

根据表 6-5 中的内容，绘制挖掘机与装载机的综合 CO_2 排放量，如图 6-5 所示。

121

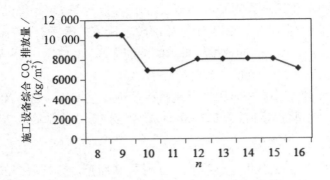

图 6-5　施工设备的综合 CO_2 排放量

由图 6-5 可以看出两种施工设备在施工过程中的 CO_2 排放情况。当 n=10、11 时，CO_2 的排放量最小，当 n=16 时 CO_2 排放情况也较为乐观。但是当 n=8、9 时，两种机械的施工量发生了巨大变化，高出其他方案很多。因此，关于基础的机械分析，不提倡使用较大跨度的梁。

6.3.4　材料 CO_2 排放量分析

根据表 6-4 仅对材料在生产阶段的 CO_2 排放量进行计算，具体结果见表 6-6。

表 6-6　材料生产阶段 CO_2 排放量（kg/m²）

n	8	9	10	11	12	13	14	15	16
混凝土	26.81	25.00	14.82	13.55	21.92	20.92	19.86	20.96	19.55
钢筋	2.10	1.53	1.34	1.44	2.32	2.23	2.01	1.91	2.18
合计	28.90	26.53	16.16	14.99	24.24	23.15	21.87	22.87	21.73

根据表 6-6 可知，当 n=10、11 时材料在生产阶段的 CO_2 排放量较小。当 n=8、9 时出现了较大的排放量；当 n=12 ~ 16 的范围内，排放量变化差别不大，仅存在些许波动。

122

6.4　小结

由于基础设计需要进行基础类型、尺寸等的选择，考虑因素较多，本章仅对基础的内力进行了公式计算，具体设计还需进一步完善。通过上述分析，得到了以下结论：

①从案例中 Matlab 与 MIDAS 内力计算结果的比较中发现，Matlab 结果虽然不能精确地反映内力值，但是趋势发展表明了网格密度越小内力值会越大。存在的缺陷是无法表现出最小的内力 n 值，因此具体计算还需完善。

②通过对施工设备和材料用量 CO_2 排放量的分析可以看出，在 $n=10$、11 时可以达到最佳的低碳效果，这与第 3 章中分析的结果相同。因此，在综合所有构件采用柱下独立基础的本章案例中，最佳网格划分形式即为 $n=10$、11。

③在对 CO_2 排放量分析时发现，基础的施工设备在施工中的 CO_2 排放量是不能够忽视的。

④整体观察第 3 章、第 4 章的 CO_2 排放量分析结果，可以看出基础分析所占分量很大。

第 7 章　BIM 技术基本知识

本章开始将从 BIM 技术出发，讨论关于轨道交通工程的低碳设计内容。

7.1　BIM 概述

为贯彻落实《中共中央　国务院关于进一步加强城市规划建设管理工作的若干意见》，2017 年 2 月 24 日，国务院办公厅发布《关于促进建筑业持续健康发展的意见》（国办发〔2017〕19 号），提出要全面提高监管水平，强化政府对工程质量的监管，明确监管范围，落实监管责任，加大抽查抽测力度，加强技术研发应用，加快推进 BIM 技术在规划、勘察、设计、施工和运营维护全过程的集成应用，实现工程建设项目全生命周期数据共享和信息化管理，为项目方案优化和科学决策提供依据，促进建筑业提质增效[118]。住房和城乡建设部印发的《2016—2020 年建筑业信息化发展纲要》中明确指出，"十三五"时期，全面提高建筑业信息化水平，着力增强 BIM、大数据、智能化、移动通信、云计算、物联网等信息技术集成应用能力，建筑业数字化、网络化、智能化取得突破性进展，初步建成一体化行业监管和服务平台，数据资源利用水平和信息服务能力明显提升[118]。这是政府对未来国家建设提出的智慧化要求，需要建筑行业搭建城市的智慧建设平台，以适应新时代的发展。目前，建筑行业最具代表性的智慧化管理模式，是以 BIM 为基础的信息化管理和智能化应用。

现代建设工程项目，特别是轨道交通工程项目一般投资规模大、规划建设周期长、参与单位众多且工程信息量巨大。整个工程的参建单位涉及规划、勘探、设计、施工、运维等多方面，传统的信息沟通及管理方式无法满足日益增长的现代建设工程需求，BIM 技术应运而生。通过三维管理平台和强大的开发兼容性，BIM 技术不仅可以实现三维模型的信息传递，也可以为设计、施工提供良好的一体化技术平台，拓展问题解决的思路，规避信息孤岛，提升整体工程的多方协调性和整体性。

7.1.1　BIM 简介

建筑信息模型（Building Information Modeling BIM），是指基于最先进的三维数字设计和工程软件所构建的"可视化"的数字建筑模型，可以为设计师、建筑师、水电暖铺设工程师、开发商以及物业维护等各环节人员提供"模拟和分析"的科学协作平台[119]。美国国家 BIM 标准（NBIMS）对 BIM 的定义：BIM 是建设项目兼具物理特性与功能特性的数字化模型，且是从建设项目的最初概念设计开始的整个生命周期里做出任何决策的可靠共享信息资源。

BIM 的理论最初是源于制造业的集成理念，将 CAD、CAM 等集成为 CIMS（Computer Integrated Manufacturing System）计算理念和基于数据管理 PDM 与 STEP 标准的产品信息模型。其产生的根本就是将建筑工程全生命周期内每一静态的单个环节构架到一个统一的平台上，在建设生产过程中实现实时的动态信息创建、动态信息更新、动态信息管理和动态信息共享。

虽然我国政府已经颁布了多项利好政策以促进 BIM 技术的应用和发展，但是其发展还处于上升期，许多高校师生甚至诸多建筑工程参建者都对 BIM 技术的理解存在误区，需要阐述以下几点相关概念性问题。

首先，BIM 不是类似 3d Max 或者草图大师（Sketch Up）之类的三维建模工具软件，更加侧重的是 Building Information Modeling 中的 Information。BIM 技术提供的是一个平台，目的是实现信息的协调和整合性。简单来说，可以将 BIM 技术看作一个具备三维模型的建筑工程动态信息库。

其次，BIM 不是一种软件，而是一种技术。这种技术可以融合多种专业的软件产品，例如：规划设计、建筑设计建模阶段常用的软件有 Revit、Rhino、Bentley、Tekla 、ArchiCAD；规划设计、建筑设计分析阶段常用的软件有 PKPM 结构设计、节能设计、绿建设计、清华日照；在招投标、施工阶段预算等环节常用的软件有鲁班、广联达等钢筋、图形、计价软件；在施工管控及 BIM 应用阶段常用的软件有鲁班集成应用、Navisworks、BIM5D；在运维阶段常用的软件有 ArchiBUS、蓝色星球资产与设施运维管理平台（BE BIM AFMP V2.0）等。建筑全生命周期内每个阶段的软件需要全部在统一平台上实现无障碍的数据互通和交流，以形成 BIM 技术的动态数据流。

再次，BIM 不是类似 CAD 一样的出图设计软件，而是具备先进理念的项目管理平台。BIM 可以整合项目中的每一操作环节信息，提出可行性的优化方案，减少资源浪费，降低建设项目成本。单纯的出图、场布及施工流程演示不是

BIM 技术应用的目的。

最后，BIM 技术可为新型项目管理方式提供强大技术支撑。随着建筑项目总承包模式以及 IPD 运营协作模式的兴起，BIM 技术的作用将更加突出。例如，IPD 运营协作模式，对两方面的要求具有创新性：一是要求所有参建方进行信息资源的共享；二是依据共享资源实现协同决策和精益建造。对于这两点，BIM 技术都可以满足。

7.1.2 BIM 的基本特点

7.1.2.1 可视化

工程管理及土木工程相关专业人员经过高等教育的系统性训练，已经具备了平面二维图纸的识读能力，并可通过二维图纸想象建筑形体的三维状态。但是，随着建筑形式多样性的发展，专业人员的想象力也逐渐无法跟上脚步，对于非专业人士更是难上加难。而 BIM 技术的三维可视化功能可以满足这一要求，如图 7-1、图 7-2 所示。

图 7-1 建筑外观 BIM 可视化模型

图 7-2 建筑内部 BIM 可视化模型

7.1.2.2　信息完整性

BIM 需要精细化每个模型阶段，并相应附加模型信息。方案阶段包含构件面积、高度、体积等信息；初步设计阶段包含几何尺寸、安装尺寸、类型、规格和基本参数等信息，如图 7-3 所示；施工图设计阶段主要包含细部特征和内部构造信息；施工深化设计阶段包含加工、安装所需详细信息，以满足采购需求；施工过程设计阶段包含进度及成本信息；竣工阶段包含验收、洽谈、设计变更等信息；运维阶段包含空间管理、设备管理、应急管理等信息。

图 7-3　构件属性信息

图 7-3 显示系统可以依据各阶段的 BIM 模型信息，实现工程整体查询、构件查询及构件属性列表查询功能。

系统可以根据桥梁的三维模型，查找到相应位置的空间量测距离，如图 7-4 所示，下侧信息栏内显示了精确的空间距离、水平距离、高差及坡度等内容。这是传统管理方式很难达到的信息查询功能。BIM 将三维空间的成像与信息相结合，使对工程资料的理解度提高。

图 7-4　桥梁空间距离量测

7.1.2.3　优化性

依据 BIM 强大的模型信息，利用融合的优化工具，可对复杂工程项目实现优化的可能。而对于单一专业的工程人员很难达到如此高度信息化的掌控。

7.1.2.4　模拟性

BIM 不但可以模拟实际的工程运行状况，还可以对未知的应急事件做出仿真模拟。例如：施工阶段可以提前进行施工组织进度模拟，以优化实际施工方案；对于大型公共建筑，BIM 可以预先制订出针对火灾、水灾、地震等自然灾害的应急逃生方案，并模拟出人员逃离路线和响应时间，如图 7-5 所示；在后期运维过程中，BIM 也可以模拟建筑在使用维护过程中的能耗状况。

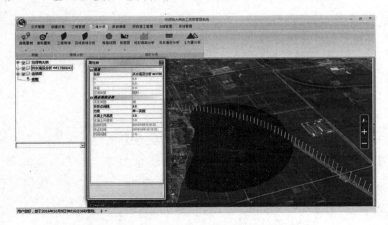

图 7-5　桥梁洪水淹没分析

图 7-5 显示系统可对未发生的洪水进行淹没分析,计算可能的水面上升高度、水面上升速度及区域面积,从而提出可行性的应急处理预案。

7.1.2.5　协调性

BIM 可以实现多专业之间的提前协调性,避免后期操作环节的矛盾产生,例如,设计变更、管道碰撞、预留孔洞尺寸等问题。

7.2　BIM 的基本应用

由于 BIM 技术涉及建筑工程全生命周期,其应用面非常广,具体从以下 3 方面展开说明。

第一,全阶段。BIM 技术的应用包含了建筑工程的每个实施阶段,如实施准备阶段、策划与规划阶段、勘察测量阶段、设计阶段、施工建造阶段、竣工验收阶段、运行维护阶段等。

第二,全专业。BIM 技术的应用涉及工程项目每个参建的专业人员,包括测量、三维地质、三维地理、场地规划、场道、建筑、结构、给排水、消防、暖通空调、电气照明、智能建筑、油气水电管路、信息弱电、动力能源、建筑节能、专用设备、市政公用、交通路网、电讯通信等专业。

第三,全生态。BIM 技术可实现工程项目的每个参建单位的信息共享,这些单位包括建设单位、BIM 咨询服务商、监理单位、设备系统供应商、物流专业系统供应商、土建施工承包商、专用设备安装承包商等。

下面将从技术实施角度出发,阐述 BIM 技术的一些基本应用功能。

7.2.1　投资决策阶段

建筑工程项目的投资前期,需要有经验的专业人员对整体项目进行投资估算。以往传统方式是结合估值指标编制工程造价的估算方案,其估算精度不高。而现代估算方法,可以依据以往的各类工程数据库所搭建的建筑模型来实现,经技术人员处理加工后,形成一套新的工程造价指标体系。作业人员可直接在 BIM 平台的动态数据库内提取所需数据信息,以提升投资估算的精度和工作效率。同时,BIM 技术依据模型和信息库可提供多种工程投资决策方案,以供投资人员比选,如图 7-6 所示。 造价作业人员在 BIM 平台数据库内,提取工程量指标、工程费用指标等历史信息,快速形成不同的多种投资方案模型。同时,平台软件可实现自动分析工程量指标、造价指标、成本指标等功能，为造价人员提供方案比选[120]。

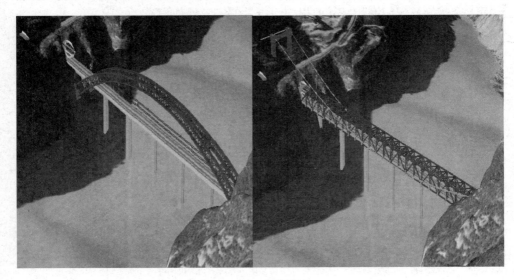

图 7-6　方案比选

图 7-6 显示对于同一工程项目，通过 BIM 技术可提供两种形式的桥梁，工程各方出于不同的利益点，提出首要考虑的因素以作为方案比选的基本。两种方案的各项指标，可在 BIM 平台数据库实现快速查询，能够得到可靠的最优桥梁施工方案。

7.2.2　设计阶段

传统工程设计是由 2D 平面 CAD 出图指导施工。BIM 则是 3D 技术的使用过程，将 2D 图纸输入平台软件形成 3D 模型，为项目各参建方提供直观、形象、立体的建筑形态。其基本流程应遵循 3D 建模—模型应用—2D 出图的顺序，要避免出现先 2D 出图、再 3D 翻模的过程。最大的优势在于平台是固化的，但软件工具具备多样性。丰富的数据支撑每个模型，达到在设计之初就可以综合考虑各方因素的程度，最大限度地降低变更概率。即使需要设计变更，所需时间和工作量相较传统工作模式也会大幅下降。

7.2.3　招投标阶段

开展工程项目的招投标工作时，招标单位需要计算项目整体工程量，以制定招标的最高金额。项目投标单位需要根据项目招标方提供的工程量清单，编制投标方案报价。传统方式下，双方都需要利用造价软件，内部进行工程量计算及工程量清单编制工作。期间将产生大量重复工作及信息不对称现象[121]。建设单位可利用 BIM 技术，在招标方和投标方之间建立一个共用的数据模型，以减少重复工作量的产生，快速得到精准的工程量清单信息、工程费汇总信息等，如表 7-1 所示。可以说 BIM 技术提升了电子招标的效率，促进了工程招投标的转型发展[122]。

表 7-1　单位工程费汇总表

序号	编码	项目名称	计算基础	费率	费用金额／元
			一般土建工程		6 514 725.09
一	A	直接费	人工费＋材料费＋机械费＋未计价材料费	—	4 500 611.03
1	A1	人工费	人工费＋组价措施项目人工费	—	1 000 356.81
2	A2	材料费	材料费＋组价措施项目材料费	—	3 339 252.29
3	A3	机械费	机械费＋组价措施项目机械费		161 002.13
4	A4	未计价材料费	主材费＋组价措施项目主材费	—	0
5	A5	设备费	设备费＋组价措施项目设备费	—	0
二	B	企业管理费	预算人工费＋组价措施预算人工费＋预算机械费＋组价措施预算机械费－记取安全文明和税金预算人工费－记取安全文明和税金预算机械费	17	197 430.77
三	C	规费	预算人工费＋组价措施预算人工费＋预算机械费＋组价措施预算机械费－记取安全文明和税金预算人工费－记取安全文明和税金预算机械费	21.8	253 175.93
四	D	利润	预算人工费＋组价措施预算人工费＋预算机械费＋组价措施预算机械费－记取安全文明和税金预算人工费－记取安全文明和税金预算机械费	10	116 135.75
五	E	价款调整	人材机价差＋独立费	—	1 135 374.39
1	E1	人材机价差	人材机价差＋独立费	—	1 135 374.39
2	E2	独立费	独立费	—	0

续表

序号	编码	项目名称	计算基础	费率	费用金额／元
六	F	安全生产、文明施工费	安全生产、文明施工费	—	311 997.22
七	G	税前工程造价	直接发＋设备费＋企业管理费＋规费＋利润＋价款调整＋安全生产、文明施工费	—	6 512 725.29
			土石方工程		25 950.88
一	A	直接费	人工费＋材料费＋机械费＋未计价材料费	—	18 204.4
1	A1	人工费	人工费＋组价措施项目人工费	—	12 276.8
2	A2	材料费	材料费＋组价措施项目材料费	—	488.31
3	A3	机械费	机械费＋组价措施项目机械费	—	5 443.29
4	A4	未计价材料费	主材费＋组价措施项目主材费	—	0
5	A5	设备费	设备费＋组价措施项目设备费	—	0
二	B	企业管理费	预算人工费＋组价措施预算人工费＋预算机械费＋组价措施预算机械费－记取安全文明和税金预算人工费－记取安全文明和税金预算机械费	4	708.8
三	C	规费	预算人工费＋组价措施预算人工费＋预算机械费＋组价措施预算机械费－记取安全文明和税金预算人工费－记取安全文明和税金预算机械费	6.1	1 080.92

表7-1中信息是BIM技术的单位工程费汇总表，内容包括：人工费、材料费、机械费、设备费、企业管理费等。招投标方共同使用费用表资料，双方都可利用此信息进行合同编辑，并可保证其精确性。

7.2.4 施工阶段

施工阶段是BIM技术最先发挥作用的环节之一。因此，应用性较为成熟，具体总结为以下几点。

132

7.2.4.1　施工模拟

针对施工方案 BIM 技术可进行模拟，出具 3D 作业指导书，进行施工工艺展示和可视化技术交底。施工企业需要梳理相关 BIM 技术工作的工点位置清单；针对复杂节点、小型构件，在理解设计意图的基础上，开展施工深化设计工作，形成可指导施工的三维模型及可视化施工图，如图 7-7 所示。

图 7-7　桥梁施工模拟

图 7-7 显示了连续梁的施工状态，可清晰地看出施工对象的挂篮施工工序。从中可以看到项目的施工管理具体功能，包括施工计划编制、施工信息录入、施工进度管理、施工横道图、施工进度模拟等。现阶段的桥梁施工中涉及前移挂篮、绑扎钢筋、浇筑等施工工艺。无论是施工方还是甲方都可通过此系统清晰看到工程的施工过程，而非传统 PPT 的讲述。

7.2.4.2　深化设计

针对重点难点环节及钢结构工程，施工企业需要结合实际的施工方案，开展基于 BIM 的施工深化设计应用，如图 7-8、图 7-9 所示。尤其是在优化钢筋布置和预埋件位置、二次结构设计、预留孔洞设计、节点设计、预埋件设计及附属结构设计等方面，形成可指导施工的三维模型及可视化施工图。

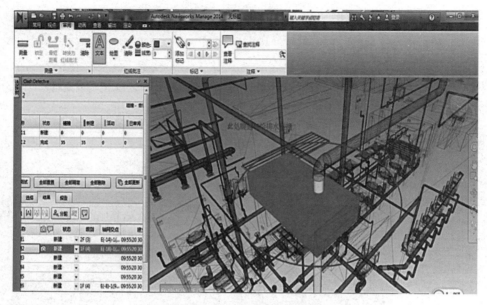

图 7-8　暖通与给排水碰撞检查

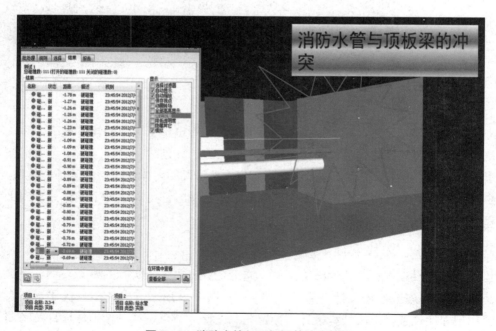

图 7-9　消防水管与顶板梁的冲突检查

图 7-8、图 7-9 展示了在施工深化设计过程中出现的暖通与给排水碰撞检查及消防水管和顶板梁的冲突检查。

7.2.4.3　工程量计算

利用精细化模型准确计算工程量，动态制订物资需求计划，控制施工进度，如图 7-10 所示；同时为成本分析提供清晰的工程量数据。

墩号	分跨线里程	建造阶段	累计高度	进度指标 (m/d)	开工时间	完工时间	预计
134#墩	DK525+683.97	134#墩第10...	40	4m/6d	20160823	20160828	6
134#墩	DK525+683.97	134#墩第11...	44	4m/6d	20160829	20160903	6
134#墩	DK525+683.97	134#墩第12...	48	4m/6d	20160904	20160909	6
134#墩	DK525+683.97	134#墩第13...	52	4m/6d	20160910	20160915	6
134#墩	DK525+683.97	134#墩第14...	54.5	4m/6d	20160916	20160921	6
134#墩	DK525+683.97	134#墩第15...	55.5	4m/6d	20160922	20160927	6
134#墩	DK525+683.97	134#墩第1...	4	4m/6d	20160630	20160705	6
134#墩	DK525+683.97	134#墩第2...	8	4m/6d	20160706	20160711	6
134#墩	DK525+683.97	134#墩第3...	12	4m/6d	20160712	20160717	6
134#墩	DK525+683.97	134#墩第4...	16	4m/6d	20160718	20160723	6
134#墩	DK525+683.97	134#墩第5...	20	4m/6d	20160724	20160729	6
134#墩	DK525+683.97	134#墩第6...	24	4m/6d	20160730	20160804	6
134#墩	DK525+683.97	134#墩第7...	28	4m/6d	20160805	20160810	6
134#墩	DK525+683.97	134#墩第8...	32	4m/6d	20160811	20160816	6
134#墩	DK525+683.97	134#墩第9...	36	4m/6d	20160817	20160822	6
135#墩	DK525+716.85	135#墩第10...	40	4m/6d	20160808	20160813	6
135#墩	DK525+716.85	135#墩第11...	44	4m/6d	20160814	20160819	6
135#墩	DK525+716.85	135#墩第12...	48	4m/6d	20160820	20160825	6
135#墩	DK525+716.85	135#墩第13...	52	4m/6d	20160826	20160831	6
135#墩	DK525+716.85	135#墩第14...	55	4m/6d	20160901	20160906	6
135#墩	DK525+716.85	135#墩第15...	56	4m/6d	20160907	20160912	6
135#墩	DK525+716.85	135#墩第1...	4	4m/6d	20160615	20160620	6
135#墩	DK525+716.85	135#墩第2...	8	4m/6d	20160621	20160626	6
135#墩	DK525+716.85	135#墩第3...	12	4m/6d	20160627	20160702	6
135#墩	DK525+716.85	135#墩第4...	16	4m/6d	20160703	20160708	6
135#墩	DK525+716.85	135#墩第5...	20	4m/6d	20160709	20160714	6

图 7-10　施工计划编制

图 7-10 显示可以通过 BIM 平台对桥梁中的不同桥墩进行施工计划的编制。施工计划可以包含墩号、分跨线里程、建造阶段、累计高度、进度指标、开工与完工时间、建筑材料等信息。

7.2.4.4　图纸审核

根据设计二维图纸，利用 Revit 软件建立三维模型。建模过程中，施工企业可深刻理解设计意图，并可检查施工图中是否存在冲突、矛盾等现象，同时对复杂的地段进行碰撞检查，提前发现问题并跟进指导施工，帮助快速地完成图纸审核工作[123, 124]。

7.2.4.5　4D 模拟

利用 BIM 模型结合施工进度计划，实现 4D 模拟。通过 BIM 平台不仅可以

建筑结构低碳设计

更加直观了解施工顺序、施工工艺等情况，还可以指导各专业在施工工序上实现实时调整，从而检测施工进度计划的可行性，提早发现工程的工序问题，使工程施工更加有条不紊。传统施工过程中需要使用横道图、代号网络时标图等方式表达施工进度和管理状况。类似静态平面的文字图表内容很难清晰表达建设项目的各种复杂关系。BIM可充分利用自身融合软件提供的各类数据，准确预演整个建设项目的施工过程，做到施工具体化，即可视的4D（3D+时间）模型，使参建的非施工方也可明确施工进度管理状态。在加入成本因素考虑后，形成了现在的BIM5D概念，要求对项目的变更范围、材料、设备和人力资源的估计预测更加准确[123, 124]，其形成效果如图7-11所示。

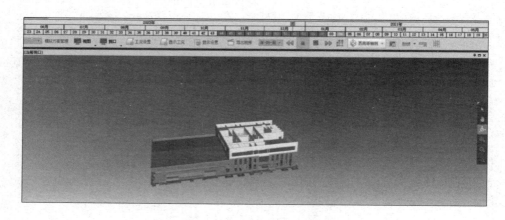

图7-11　BIM5D效果

7.2.4.6　质量管理

利用BIM技术的碰撞检查功能，及时发现碰撞点并对钢筋排布进行优化，使其满足设计要求，避免施工过程中碰撞现象的发生，从而有效地提高工程质量，节约施工工期。

7.2.4.7　安全管理及意识形态宣传

通过BIM技术在宣传中插入模型，倡导文明施工。BIM平台可立体展示现场布置形式，效果一目了然，并可从中选择最佳方案，展示文明企业形象；BIM技术还可将安全、临时管线等模型设置在一个可视的环境下实现演示；可利用3D漫游对施工人员进行安全教育，展示工程的安全防护点、注意事项、应急通道、消防器材部位，安全宣传效果更加立体化，如图7-12、图7-13所示。

图 7-12　变电室 3D 漫游图

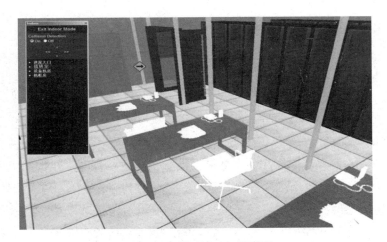

图 7-13　值班室 3D 漫游图

7.2.5　竣工阶段

在开展项目的竣工验收期间，竣工结算是一项工程量较大的工作，不仅需要收集项目施工期间所使用的各类施工图纸和现场签证，还需要造价人员进行一一核对。另外，造价人员还需要到现场核对每一个工程建设单个构件工程量。使用 BIM 平台，可以在软件内部直接调取相关数据，省去了造价人员较大的后期工作量。通过对数据进行汇总，可实现所有工程量的统计，大幅提高了工程计算的效率，降低了工程计算的难度。

7.3 国内 BIM 技术发展的困境

BIM 技术的应用目前多集中于设计和施工阶段，后期运维的使用较少。房屋建筑工程、轨道交通工程、道路桥梁工程、铁路工程，在施工和设计阶段都基本可利用 BIM 技术实现可视化、成本透明化，并且纠错能力提升，工作效率提高。而对于建设项目的后期运维阶段的投入使用多集中于政府工程，例如，公共基础建设（医院）、轨道交通工程等。部分房地产企业出于对自身资金和品牌形象的考虑，也会重视运营维护，投入 BIM 技术，但相对较少。从大环境、技术、经济等层面来看，目前的 BIM 技术存在很多问题亟待解决，下面仅就技术层面和工程技术应用层面展开讨论。

7.3.1 工程技术层面

BIM 平台作为一种技术商品，其使用功能还不健全，某些操作还处于探索阶段尚不成熟，并且我们引入 BIM 软件后对其进行本土化的程度不够。目前，需要从两个方面提升 BIM 的使用空间。

第一，现阶段建筑市场上在对 BIM 平台进行搭建时，多是以专业划分的方式来实现的，就算针对同一专业也存在多种品牌软件，隶属不同研发公司，导致在内容和功能的兼容性上存在一定差异，很难达到统一标准。以钢筋工程量计算软件为例，市场上主要有 3 个品牌，即广联达、鲁班、斯维尔，虽然都是基于平法规则，建立三维模型实现工程量的计算，但在计算原理和功能上还是存在不同点的。同时，这些软件主要是针对土建算量的软件，内置专业构件只具备土建性质并形成相应模型以提高工作效率，无法实现多种专业综合使用的功能。我们需要努力的方向是将各个专业以模块形式嵌入同一个软件平台中，从而达到同时进行模型信息集成管理和专业信息模块分开管理的目的。

第二，一个完整的工程建设项目的全生命周期包括勘查、设计、计量计价、施工、后期运维等阶段，使用的模型均不是源于同一套图纸，多是 CAD 二维图纸模型或是依据二维图纸进行翻模，各企业所得非同一模型。我们需要实现的是建筑业在不同阶段，使各方参与者可以运用软件的计算处理功能，将单一模型代入软件，模型可实现自动迭代升级，以适应不同阶段各企业的需求。

另外，建筑界国内外的标准是不同的，我们引进的 BIM 软件中工程计算规则、构件参数、设计系数等均与我国规范要求有所差异。因此，我国建筑业需要快速制定并实时更新规范化 BIM 标准，对引进软件的建筑标准、模型库进行修正，以适应国内市场需求。

7.3.2　工程应用层面

7.3.2.1　国内 BIM 技术应用中存在的问题

BIM 技术虽然在我国起步较晚，但已经或多或少地融入工程建设的勘查、设计、施工等诸多环节，同时暴露出了许多问题。

1. 投入成本高

BIM 技术的可协调性要求工程各方使用相同协作平台实现信息的实时更新和共享，这就要求工程建设产业链上的各单位需要投入一定的资金购买平台软件。然而并不是所有的企业都有能力承担相关费用[125]。

2. 技术功能不够成熟

虽然政府力求实现工程建设的智慧化，但由于 BIM 技术的诸多功能还未成熟，使得某些企业面对政府要求只能做到局部环节的基本数字信息化，造成了"为了使用 BIM 技术而使用 BIM 技术"的局面，并不是以工程需求和企业自身需求为出发点。

3. 信息化程度低

目前的多数工程都无法实现全面的信息化，甚至有些工程仍处于传统的半人工、全人工模型转化阶段[125]。如果强行使用 BIM 技术，反而加重了工程建设负担。

7.3.2.2　国内 BIM 技术应用的模式

鉴于 BIM 技术在我国的发展状况和所面临的困境，目前产生了三种 BIM 技术应用的模式。

1. 分散式 BIM 服务模式

各设计、施工、运维单位各自负责自己的 BIM 建模和应用工作，由各自完成并提交给业主或下游，业主或相关团队进行成果管理存档。其优势是可以发挥各单位的力量，鼓励"正向建模"和应用；劣势是各环节各单位水平参差不齐，管理难度大，质量水平低，难以发挥 BIM 成果的价值。此种模式适用于设计、施工各方有强大专业的团队，或高水平可依赖的团队。

2．集中式BIM服务模式

将各设计、施工、运维单位的所有 BIM 相关的建模和应用工作，集中到一个统一的机构，由团队进行建设与管理。其优势是集中管理，资源、专业化程度得到了最好发挥；劣势是会出现翻模情况的发生，设计与施工管理的结合度不高，与管理融入程度低，并且需要从各环节剥离费用进行技术支撑。这一模式适用于业主有强大专业的团队，或高水平可依赖的团队。

3．BIM总控管理服务模式

此类服务模式是分散与集中的平衡。建模和应用工作由各方独自完成，由业主和各应用方建立 BIM 总控管理团队，负责制定统一的标准和制度、审核各单位成果，必要时协助和代替各方完成高难度的模型和应用工作。这种模式的优势是既保证发挥了各单位的正向力量，又集中专业化资源进行了质量管理和难点处理，确保了 BIM 应用水平和效果；劣势是需要单独的经费支撑，同时，需要团队管理协调能力强。这种模式适用于设计单位力量不足、业主资源不够的情况。

就目前状况而言，从企业的长远可持续发展角度出发，可以考虑培养自己的BIM 技术应用和研发团队，降低投入成本、加快建设进度、实现工程全面智能化，以适应市场的变化。

综合上述内容，可以看出我国现阶段的建筑工程市场急需既懂工程专业技术又会语言开发的人才。这对于某些技术应用型高校来说是一种机会。拥有建筑工程相关专业的各大高校，可以考虑转变人才培养模式，将 BIM 的应用和研发相关课程同时纳入人才培养方案中，以便在日后的人才市场竞争中占得一席之地。

7.4 BIM 技术相关研究

由于工程质量和施工条件的影响，目前工程中往往将 BIM 技术与其他相关技术进行结合，利用两者的优势探索新的领域，关于 BIM 技术与其他技术结合的具体应用研究主要体现在以下方面。

周晓宏[126] 将 BIM 技术与 RFID 技术进行有机结合应用于装配式建筑，并针对结构挂篮施工的特点，构建了数字技术的信息共享体系，探讨了 BIM 技术与RFID 技术应用于装配式建筑施工的可能性。

Dong-Yuel Choi[127] 等利用 BIM 技术的检查功能进行木结构预制部件的设计，以便减少设计中的二次错误，提高设计效率。Li Clyde Zhengdao[128] 等人则开发了一个支持射频识别设备（RFID）的 BIM 平台以解决预制房屋建筑（PHC）的基本缺点。Li Xiao[129] 等结合 BIM 技术面向对象的属性和 PHP 面向生产的特点，进行预制建筑研究，显示了 BIM 技术应用于 PHP 项目智能决策和协同工作的效果。

Bortolini Rafaela[130] 等提出可以将建筑信息 BIM 技术与精益生产理念相结合，应对复杂项目的棘手问题，在 BIM4D 模型中实现不同层次的控制，可以保障生产过程与生产控制计划系统的一致。

Li Xiao-Juan[131] 等结合 BIM 技术，建立了混凝土预制构件（PC）建筑物化阶段的碳足迹计算模型，研究结果表明：PC 建筑项目单位面积碳足迹显著低于其他建筑类型，满足节能减排的要求。

Sanhudo Luís[132] 等利用一种激光扫描框架，便于快速、准确地获取建筑几何数据，将其与 BIM 建筑信息模型相结合，为装配式建筑带来更多便捷，提高相应数据采集工作的效率。

Pentti Vha[133] 等将 BIM 技术和传感器技术相结合运用至建筑全生命周期中，挖掘建筑工业自动化的应用潜力。

Nenad[134] 等运用 BIM 技术参与建筑的全生命周期评价（LCA），通过一个具体工程案例对建筑进行了评估，并论证了该方法的可行性及应用价值。

Costa[135] 等深入研究了建筑构件与 BIM 之间的深层次集成问题，最终实现了通过一个目录链接的方式即可提取所需构件尺寸，有效提高了工作效率。

Kim Min-Koo[136] 等在激光扫描的技术之上结合 BIM 技术对混凝土预制构件进行全尺寸的质量检测，在两个实体足尺预制板的测试试验中，验证了这种结合技术的可行性和适用性。同时，讨论了相关的具体实施问题，研究结果表明这种结合技术能够自动、精确地评估全尺寸预制混凝土构件的关键质量标准。

Najjar Mohammad[137] 等将 BIM 技术和生命周期评价相结合，创造了 BIM-LCA 集成概念，此技术理念可以有效控制在工程制造和运营两个阶段中产生的环境问题。

Worawan Natephra[138] 等利用环境传感器技术，将 BIM 模型与时空热、气温数据等进行有效结合，将采集的热图像信息转换成数字表面温度，计算热舒适变量，以评估建筑物内不同位置的热舒适水平，提供了可视化信息输出和统计数据。

关于 BIM 技术与地理信息系统（GIS）技术相结合的研究也有很多，都是利用 GIS 的空间多维和丰富的空间地理信息等特点转化进入 BIM 平台中，发挥两者的优势，达到高精度、高准确率等效果。例如：王树臣，刘文锋[139] 讨论了两者的集成使用可以在施工场地分析、地下管网、水利水电工程、铁路桥梁以及城市规划等方面发挥巨大作用。S．Amirebrahimi[140] 等根据建筑物在洪水灾害评估中的独特影响，将 GIS 中获取的城市建筑模型与 BIM 中建筑的空间几何拓扑信息相结合，在充分考虑建筑物的细节性结构信息对洪水灾害评估的影响的前提下，构建了汛情灾害评估与可视化系统。C．F.Reinhart 与 C．C．Davila[141] 将 GIS 数据库中的数据提供给城市建筑能源模型（UBEM）作为其集合数据，并系统地分析了 UBEM 的新兴模拟方法，充分利用 BIM 的几何建筑属性信息，模拟输入组织，生成和执行热模型。V．Kupriyanovsky，S．Sinyagov，D．Namiot[142] 等分析了在建筑、工程、业主和运营商等不同利益体的驱动下，BIM 和 GIS 技术在全球范围内的应用趋势。

BIM 技术与无人机的结合应用研究：2015 年 A.S．Danilov[143] 等根据无人机采集空气中点、线、面状污染物实时监控数据，基于 BIM 平台构建的大气污染 3D 模型监测系统，能够实时有效地监测大气污染程度；2017 年，Kang Li[144] 等根据无人机采集的无序列图像数据信息在 BIM 平台下完成了室外大场景三维模型的构建；2016 年，余虹亮[145] 在基于 BIM 技术构建的 3D 实景模型中完成了数字城市三维重建工作；2018 年，黄骞[146] 等通过无人机航摄技术在 BIM 平台软件上构建三维实景模型完成公路地质灾害识别工作。

近年来，VR 技术已经走入了各个行业领域。VR 是 Virtual Reality 的缩写，被称为虚拟现实（真实幻觉、灵境、幻真），也称灵境技术或人工环境。其概念产生于 20 世纪 80 年代初，具体内容是指借助计算机及精确的传感器技术创造出一种崭新的人机交互手段。虚拟现实是利用电脑模拟产生一个三维空间的虚拟世界，提供使用者关于视觉、听觉、触觉等感官的模拟，让使用者如同身临其境一般，可以及时、没有限制地观察三度空间内的事物[147]。

目前，VR 技术在建筑设计方面也有涉及，例如：规划设计阶段可用于新设施的实验验证，以大幅缩短研发时长，降低设计成本，提高设计效率；城市给排水及城市规划等领域，可以使用 VR 技术模拟给排水系统，以达到节约实验验证开支的目的。

VR 技术的具体特点有沉浸性、交互性、多感知性、想象性及自主性。沉浸性是 VR 创造的虚拟现实可以使用户感受到虚拟世界的感知刺激，从而产生思维意识的共鸣，形成心理的沉浸；交互性是使 VR 用户在进入虚拟空间后与环境产生的一种相互作用，及使用者周围环境可根据使用者的操作而做出相应的反应；

多感知性是指理想状态下虚拟技术应该具有的与人类一样的一切感知功能，包括视觉、听觉、触觉、嗅觉等；想象性可以帮助用户在进入虚拟世界后，根据自我感知和认知能力发散思维创造新的概念与环境；自主性是指虚拟环境中物体依据物理定律形成的动作。

在过去的 20 年中，虚拟现实技术在建筑工程的施工和设施管理等方面受到的关注度逐渐增加。VR 技术可以解决各种设计、施工和运营等多方面的问题，包括设计协调、项目计划、施工教育、安全培训、设施管理和房地产销售等。但在工程实践应用中受到了各种约束，阻碍了 VR 技术在建筑业的应用与发展。例如：VR 技术配套的相应软件没有丰富的建筑信息与数据，无法形成丰富的建筑模型数据库，同时缺乏强大的工程建模能力，与专业软件间存在一定的差距等。由此，BIM 技术与 VR 技术相结合的想法就应运而生了。

将 BIM 平台中存在丰富的建筑信息模型与 VR 技术的沉浸式体验、高度可视化表达等优势进行有效结合，可以解决目前装配式住宅设计中存在的难点，辅助建筑师进行过程设计和成果表达，使设计方、施工方、业主等多个建筑利益方之间形成不断的交互反馈，从而提高沟通效率，减少设计、施工中存在的问题，避免冲突的发生以提升设计环节质量、施工阶段水平，进一步提升装配式整体建筑项目质量。

BIM 平台可以将二维图纸转化为虚拟三维模型，VR 技术则可以沟通虚拟与现实，让设计实现"从界面到空间"，将两种技术优势互补、相互融合，通过构建三维虚拟展示，为使用者提供交互交融的设计过程，其沉浸式的体验加强了可视化和具象性，提升了 BIM 应用效果。在地铁设计中，应用 BIM+VR 技术可实现实时漫游观察，在其间发现问题，可及时在三维模型中修改，降低错误概率，提高工作效率。

另外，VR 的沉浸式演示可以让决策者更容易理解设计师的设计意图，从而让方案更快通过。VR 技术在 BIM 平台的三维模型基础上，加强了可视性和具象化。

对于 BIM 厂商而言，如果搭载了 VR 技术，BIM 系统就能提供沉浸式体验，从而有效提高资源整合能力，提高产品的竞争能力。例如，当前鲁班正在开展 VR 技术结合基建 BIM 系统的研发，将 BIM 技术贯穿基建项目的设计到施工、运营阶段，通过强大的数据、协调、3D 可视技术，减少项目变更，减少材料浪费，缩短工期，为项目带来巨大效益；通过引入强大的新型 3D 引擎，大幅提高画面的渲染效果，实现构件的真实物理属性和机械性能；基于 VR 技术与基建 BIM

系统的对接，使工程模型和数据实时无缝双向传递，在虚拟场景中对构件进行任意编辑。

学界也有很多关于两者结合技术的研究。例如：Jing Du[148]等发现目前的工程中一般是手动将设计文件转换为 VR 技术应用程序，这种人工操作工作流程复杂且效率低下。于是他们开发研制了一种 BIM-VR 实时数据交换系统。该系统主要使用基于元数据的解释系统和基于云的基础架构，来实现 BIM 平台和 VR 技术游戏引擎之间元数据的实时传输。

李良琨[149]从可持续性发展角度出发，考虑了建筑节能环保、居住舒适度等方面的建筑需求，提出将 BIM 技术与 VR 技术进行有效结合应用于可持续发展建设研究中。通过 BIM 技术中的性能分析软件对光环境、风环境、热环境和能耗情况进行模拟并加以分析，结合 VR 技术的可视化体验，用于方案对比优选。

Wei Yan[150]等采用游戏控制器和用户界面的交互方式，探讨了在建筑领域集成 BIM 技术和 VR 技术的框架以及应用和发展前景，可以利用两者的优势实现虚拟用户模型进行实时交互式体验和逼真的演示演练，主要内容包括建筑模型、角色建模、设备仿真、碰撞检测、路径规划、材质和照明等方面，研究中的应用领域主要为教育培训。

A．Z．Sampaio[151]等开发了虚拟模型库作为辅助以支持建筑管理和维护计划中的决策。同时，还创建了 VR 技术模型用来支持墙壁的外部封闭、内部装饰以及建筑物的维护过程。

邵正达、宋天任[152]开发了一款基于 BIM 平台的建筑 VR 交互系统，该系统在 VR 软件数模分离技术的基础上，将模型中各类构件的参数信息存到关系型数据库中并实时上传至云端，采用程序化的方式进行模型贴图渲染，基于 Unity 3D 进行沉浸式的交互设计，开发分时显示技术。后续的案例验证了开发系统的优势，可以减少样板房设计的更改次数、提高了工程实施进度、提升了项目的沉浸感和代入感，同时实现了基于 VR 技术的信息可视化。

关于建筑火灾疏散等问题，VR 技术也有良好表现。例如：Gyutae Ha[153]等利用 Unity3D 研发出了一款用于火灾疏散演习的自我训练 VR 技术系统，并更进一步将单一用户拓展为多用户的系统架构，多个使用者可以通过 Unity 云服务器实现远程联动，在同一场景空间内实现协作。E．Bourhim[154]等利用 Unity 3D 制作开发了虚拟火场实景，可以通过 HTC Vive 头戴式 VR 技术显示器实现人机交互的疏散模拟。

当然，VR 技术在建筑领域的应用不限于此。东南大学的刘基荣指出 VR 技术可以作为新的建筑媒介，不应仅拘泥于建筑表现，还可以探讨其给建筑设计带来的全新思维方式[155]。后续东南大学的袁雪指出可以利用 VR 技术应用于校园文化传承、校园整体规划、校园展示及校园信息管理等方面[156]。吉林建筑大学的赵文斌对 VR 技术应用于建筑设计初期阶段进行了研究[157]。

7.5　国内外 BIM 规范和标准

关于 BIM 技术的相关规范与标准，各国都依据自身的发展情况和工程条件进行了整理。

最早提出该技术的美国提出了美国国家 NBIMS 标准，要求 BIM 平台必须融合业主信息、模型设计数据、法律法规信息、地理信息数据、财务数据、环境数据、辅助专业信息数据等于一体。

英国相关部门在 2009 年 11 月和 2012 年先后发布了《建筑工程施工工业（英国）建筑信息模型规程》［AEC（UK）BIM 标准］第一版和第二版，与NBIMS 的不同之处在于，英国的 BIM 标准只着眼于设计环境下的信息交互应用，基本未涉及 BIM 软件技术和工业实施。

2011 年，澳大利亚国家建筑规范协会(NATSPEC)制定了国家 BIM 指南文件，该指南包括 BIM 在内的数字信息，为建筑行业提供了优化改进设计、施工和沟通等的有效方法，有助于协调各方提高建设效率和工程质量。指南的目的是帮助客户、设计、咨询人员和项目相关者统一思路并明确建筑项目的 BIM 条件与要求。澳大利亚的国家 BIM 指南文件内容包括了 16 部分，主要为概述、实施、BIM 管理计划 BMP、角色与责任、模型共享、协作程序、BIM 应用要求、3D 模型、格式与模型架构、技术平台与软件、建模要求、文件存储与安全、2D 图纸的要求、术语、引用文件、附录 A 空间测量。2017 年 5 月，中国 BIM 发展联盟、深圳大学与澳大利亚威本科技大学发起合作意向，共同成立了中国 BIM 发展联盟深圳大学建筑互联网与 BIM 实验研究中心。该研究中心的主要任务是围绕 P-BIM 实施方式，建设 BIM 应用研究基地，搭建国内外软件协同工作实验研究平台，实现多专业 BIM 技术协同工作以提高两国建设管理的发展水平。

日本的 BIM 技术应用与我国同属于起步较晚行列，其 BIM 标准主要由技术规范、国家 BIM 导则以及应用指南三部分组成。1995 年，为推动建筑信息化，日本颁布了建筑信息化标准（CALS／EC）。同时，日本建筑师学会（JIA）发布了 JIA BIM 导则，从设计角度明确了 BIM 组织的机构以及人员的责任要求，目的是减少浪费。日本政府的强制性高要求使得所有信息都要实现电子化、管理过程信息化，同时还要符合一定的标准化，最终加速了日本建筑企业科技管理的步伐。

新加坡早在 1997 年就开始部署建筑与房地产网络（Construction and Real Estate Network，CORENET），初步建立了建筑业数字化信息系统，从 2D 图纸图审，到 3D 模型数字移交，并最终在 2016 年将建筑全专业 BIM 图审落到了实处。2012 年，新加坡建筑管理署（Building and Construction Authority，BCA）正式发布了《新加坡 BIM 指南》。该指南是制订 BIM 执行计划的参考指南，包含 BIM 说明书和 BIM 模型及协作流程。该指南中规定了 BIM 成果，项目交付时提交的模型和其他输出为现场模型，实体模型，建筑、结构、MEP 模型，计划和阶段流程，施工和制造模型，施工图，竣工模型，设施管理数据，其他附加增值 BIM 服务等。

我国的 BIM 技术起步较晚，引入数字化工程管理理念后，国家及各省市的各级部门都非常重视 BIM 技术在建设工程领域的应用及推广，积极开展相关课题的研究和行业标准的制定，推动项目试点工作，大力实施政府扶持性经济补贴，并与相关行业协会合作举办多种形式的高校 BIM 技术竞赛活动。

早在 2002 年，我国就已经意识到了 BIM 技术对建设工程领域的重要性，"十五"科技攻关计划中针对工业基础类（IFC）标准，开展了基于 IFC 标准的建筑工程应用软件研究课题，该项目是对 BIM 技术支持的研究，主要关注两个方面：一是关于 BIM 数据标准的内容；二是关于应用软件的研究。随后各大高校也开始进入 BIM 研究领域，哈尔滨工业大学成立了我国首个 BIM 实验室，紧接着同济大学、清华大学、华南理工大学相继成立了 BIM 研究室；武汉建筑设计研究院率先利用 Revit 系列软件，将传统的 AutoCAD 二维模型过渡到三维 BIM 技术平台。2007 年科技部制定了"十一五"国家科技支撑计划重点项目"建筑业信息化关键技术研究与应用"，其中的研究课题包括"基于 BIM 技术的下一代建筑工程应用软件研究"，在"十五"计划的基础上进一步实现 BIM 技术研究的深度和广度，主要的研究方向有建筑设计、成本预测、施工方案优化、节能设计等。在有了广大的基础性研究成果的基础上，2008 年中国建筑科学研究院、中国标准化研究院等单位共同起草了工业基础类平台规范（国家指导性技术文件），其技术内容等同采用 IFC 标准的主要目的是将国际标准转化为国家标准，并根据我国国家标准的制定要求，在编写格式上做了一些改动[158]。

2009 年，中国软件联盟宣布成立中国工程建设行业软件产业联合体[159]。国家住宅工程中心、清华大学、中建国际设计顾问有限公司（CCDI 集团）、欧特克等政府、高校、建筑设计单位、解决方案供应商等共同开展了中国 BIM 标准课题研究，旨在推动构建中国建筑信息模型标准（China Building Information Modeling Standard，CBIMS）。 2010 年，我国发布《工业基础类平台规范》（GB/T 25507—2010）。地方政府也依据本身的地域工程特色积极推进相关 BIM 技术的标准化，例如，2013 年北京市勘察设计和测绘地理信息管理办公室与北京工程勘察设计行业协会主编了北京市地方标准《民用建筑信息模型（BIM）设计基础标准》。该标准共 6 章，主要的技术内容包括总则、术语、基本规定、资源要求、BIM 模型深度要求、交付要求等。

截至目前，我国已发布的相关 BIM 应用的主要标准、指南或指导文件见表 7—2[160]。

表 7-2　BIM 相关文件标准

序号	文件名称	文件编号
1	《国务院关于印发"十三五"国家信息化规划的通知》	国发〔2016〕73 号
2	《住房和城乡建设部关于印发推进建筑信息模型应用指导意见的通知》	建质函〔2015〕159 号
3	《建筑信息模型应用统一标准》	GB/T 51212—2016
4	《建筑信息模型施工应用标准》	GB/T 51235—2017
5	《住房和城乡建设部办公厅关于印发城市轨道交通工程 BIM 应用指南的通知》	建办质函〔2018〕274 号
6	《重庆市城乡建设委员会关于进一步加快应用建筑信息模型（BIM）技术的通知》	渝建发〔2018〕19 号
7	《建筑信息模型分类和编码标准》	GB/T 51269—2017

第 8 章　轨道工程的 BIM 应用

8.1　我国城市轨道交通建设发展状况

轨道出现的初衷是在人类科技水平有限的条件下，为了减小交通工具与行驶路面之间的摩擦阻力，而提供的一条相对平滑的接触面，无须对全部道路进行处理可达到节省开支的目的。公元前 6 世纪，希腊有一条 6km 长的轨道（石制轨道），用来运输船只，这条轨道使用了 1300 多年。18 世纪英国土木工程师 William Jseeop 设计了类似现在的铁轨和有轮缘的车轮，1802 年，伦敦南部通了世界上第一条马拉的公共铁路。

从 1969 年开始各国政府才开始重视城市轨道交通的发展，城市轨道交通与城市之间是相辅相成的关系，城市交通的需求促进着轨道交通工程的发展，轨道交通工程的建设促进着城市的经济繁荣和扩大。伴随城市的发展，城市交通运输量与日俱增，与城市交通运输力之间产生了巨大矛盾，城市中出现了大量交通阻塞、车祸、停车困难、废气和噪声污染等一系列问题。城市交通引发的各种问题已经严重影响和制约了城市发展，轨道交通工程则可以为城市环境及交通的改善提供有效方法。

我国城市轨道交通的发展起步较晚，新中国成立后，在中央政府大力支持下，我国才在北京修建了第一条地铁：北京地铁 1 号线。自从进入 20 世纪 90 年代末，我国城市轨道交通发展真正迎来上升期，年均通车里程超过 300km，多个城市开始修建、运营。近 20 年来，我国城市轨道交通发展的速度和规模都是世界罕见的。仅 2020 年，我国内地就有 28 个城市的 39 条轨道交通新线投入运营，全年新增运营线路长度达到 1 241.99km[161]。2021 年 1 月 1 日，由国家发展改革委主管的中国城市轨道交通协会发布了《2020 年中国内地城轨交通线路概况》（以下简称《概况》）。据介绍，截至 2020 年 12 月 31 日，中国内地累计有 45 个城市开通城轨交通运营线路 7978.19km。7978.19km 的城轨交通运营线路中，地铁运营里程为 6302.79km，占比 79.00%；轻轨运营里程为 217.60km，占比 2.73%；单轨运营里程为 98.50km，占比 1.23%；市域快轨运营里程为 805.70km，占比 10.10%；现代有轨电车运营里程为 485.70km，占比 6.09%；磁浮交通运营里程为 57.70km，占比 0.72%；自动旅客捷运系统（APM）为 10.20km，占比 0.13%。官方统计数据显示，截至 2020 年 12 月 31 日，上海（834.20km）、北京（799.40km）、成都（652.00km）、广州（531.90km）、深圳（423.36km）、南京（394.30km）、武汉（387.50km）、重庆（343.49km）、杭州（299.93km）、青岛（254.20km）为中国内地城轨交通运营线路总长度前十城市。从世界范围内的城市来看，我国城市轨道交通的发展是令人瞩目的，具体如图 8-1 所示[162]。

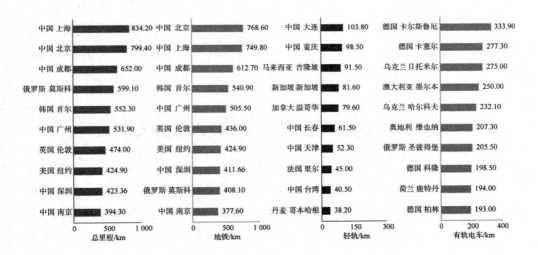

图 8-1 2020 年各类城轨交通运营里程排名前十的城市

由图 8-1 可以看出，2020 年各类城市轨道交通运营里程的总里程排名中，中国的上海、北京、成都列前三名；地铁的运营里程中北京、上海和成都同样位列前三名；轻轨的运营里程中占据前两位的分别是中国的大连和重庆。中国城市的运营里程明显高于德国、俄罗斯等国的城市，说明我国城市轨道交通发展迅猛。自"十四五"之后，我国轨道交通建设趋于理性，从"重量"走向"重质"，进入高质量发展阶段。

城市轨道交通为采用轨道结构进行承重和导向的车辆运输系统，依据城市交通总体规划的要求，设置全封闭或部分封闭的专用轨道线路，以列车或单车形式，运送相当规模客流量的公共交通方式。城市轨道交通的主要类型由传统单一的地铁形式发展成为轻轨、磁浮、单轨、市域快轨等多种形式相结合的多层次立体式可协调交通体系。随着轨道交通技术的不断创新，规划线路由一城一线，发展到多城多线的网络化模式，同时催生了运营模式的网络化。在大数据、5G 互联等智慧技术的大力支持下，综合监控、智能支付、智慧运维等新手段得以推广应用。

城市轨道交通工程是一个庞大且复杂的技术系统，其涵盖的专业有土建、机械、电子、电子信息、环境控制、运输组织等各个类别。从系统角度来看，城市轨道交通工程是由多个分别完全不同功能的子系统所构成的，包括线路、车辆、车站三大基础设备和电气、运行和信号控制等系统[163]。城市轨道交通建设是一个综合性的复杂系统，工程建设规模巨大、时间跨度周期长，项目结构、施工环境和技术条件都是十分复杂的。整体系统下的专业子系统之间差异性较大并且工序繁多复杂。因此，需要利用时下的 BIM 技术从设计、施工、运维管理等方面对其进行智慧化综合管理。

8.2　轨道交通工程的 BIM 政策支持

2019 年 3 月 19 日，国家发改委组织召开了北京城轨燕房线示范工程现场会。轨道交通领域行业主管部门召开燕房线示范工程现场会，旨在践行国家创新战略，推动城市轨道交通自主化与智能化的发展，进一步推动智能运营维护、互联互通、BIM 技术、人工智能（AI）等新技术、新装备在城市轨道交通中的应用，是继装备国产化工作后的一个新的转折点。5G 技术造就了新一轮的技术革命，"互联网＋"正在改变着城市轨道交通工程的发展形态[164-166]；"互联网＋城轨交通"正在呈现出崭新蓬勃的自动化、智慧化的新技术、新模式、新业态。各城轨建设单位要主动引入新科技、新技术，以智能化、数字化为方向，这是城市轨道交通工程未来的发展趋势，也是企业完成技术转型的良好契机[167, 168]。

《交通运输部办公厅关于印发推进智慧交通发展行动计划(2017—2020 年)的通知》（交办规划〔2017〕11 号），要求到 2020 年逐步实现基础设施智能化。

推进建筑信息模型（BIM）技术在重大交通基础设施项目规划、设计、建设、施工、运营、检测维护管理全生命周期的应用。为推动城市轨道交通工程对 BIM 技术的应用情况，提升城市轨道交通工程质量安全和运营维护管理水平，2018 年 5 月 30 日印发的《住房和城乡建设部办公厅关于印发城市轨道交通工程 BIM 应用指南的通知》（建办质函〔2018〕274 号），指导全建筑业 BIM 技术应用快速发展。在《城市轨道交通工程 BIM 应用指南》的编写过程中，住房和城乡建设部组织业内 60 余位专家深入研究城市轨道交通工程 BIM 技术应用的有关问题，在北京、天津、石家庄、上海、兰州、西安、重庆、厦门、深圳等城市开展实践调研，组织 30 余位专家分章节起草指南内容，多次征求城市轨道交通建设主管部门、建设单位、设计单位、施工单位、高校科研机构及信息化领域专家有关方面意见，提出了城市轨道交通工程 BIM 技术应用总流程，如图 8-2 所示。该指南包括了 9 个部分，主要为模型创建与管理、可行性研究阶段 BIM 应用、初步设计阶段 BIM 应用、施工图设计阶段 BIM 应用、施工阶段 BIM 应用、BIM 数据集成与管理平台建设等。

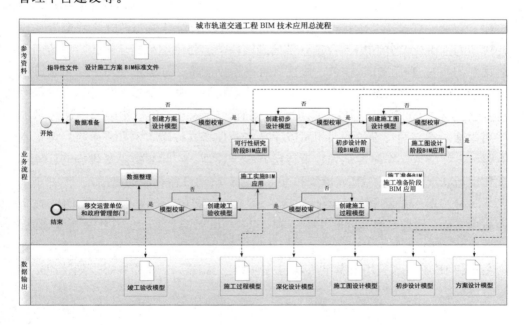

图 8-2　城市轨道交通工程 BIM 技术应用总流程

8.3 BIM 技术轨道交通应用及研究现状

8.3.1 国外应用及研究现状

前面已经提到，国外的 BIM 技术发展较早，特别是欧美等发达国家，其技术水平已经相对成熟，逐步成为城市轨道交通工程领域建设与运营管理的一项必备技术。BIM 技术的主要应用领域包含 3D 设计、施工进度管理、物资信息管理、招投标、法律合同管理、工程风险评估等各个建设方面，不仅涉及范围广而且应用熟练程度也逐渐升级[169-175]。

国外相对著名的案例是 2009 年 5 月，英国启动的横贯铁路（Crossrail）项目，总投资达到了 148 亿英镑。项目整体线路总长 118km，连接了伦敦东部和西部区域，覆盖 10 座车站，拥有 42km 的地下隧道。此项目是目前欧洲建成的最大单体工程。值得关注的是，项目的建设过程主要是运用本特利（Bentley）软件搭建 Project Wise 平台进行设计阶段和施工阶段的信息整合，以实现全专业设计模型的三维化，并利用平台建立了信息运输渠道将模型数据从施工阶段传递到运维部门[176]。利用 BIM 技术，该项目可事先预测施工过程可能对城市带来的不良影响，依据这些影响状况采取了合理的规避措施，从而降低了工程建设过程中对社会、环境的干扰和不良影响程度。同时，Crossrail 项目增强了 AR 技术的使用力度，参与运营维护的员工可以手持智能便携式终端，例如：手机、笔记本电脑等，在隧道、车站等地理位置连接到竣工模型，实时了解隐蔽设施的耗能情况和运行状况，实现了 BIM 模型和遥感软件在移动设备领域的应用。

另外，美国的洛杉矶远西（Westside）轨道交通延长线工程也是 BIM 技术的应用工程。该项目整体线路 9 英里（1 英里 =1609.344 米）长，7 个轨道交通站，总投资高达 51 亿美元。该项目工程采用设计 - 施工总承包（DB）交付模式，业主主动将 BIM 技术应用条款纳入承包方合约，要求以 BIM 为核心规划管理整个建造过程。

在加拿大也出现了相同的情况，多伦多士巴丹拿（Spadina）轨道交通扩建工程中，参建各方都是基于 BIM 技术平台进行 3D 设计协同，使得建设过程避免了较多的协调与摩擦，最终取得了良好的应用效果，该项目也因此获得了 Bentley 公司的得到启发奖（Be Inspired Awards）。

此外，欧洲 BIM 技术的重视也启发了许多国家采用此技术进行工程建设，实现项目在规划、设计、施工、运营维护等各个阶段的应用，达到轨道交通工程项目在全生命周期范围内的信息共享和管理效果，具体的案例有法国的高速铁路系统（TGV）项目、德国的 Emsch+Berger GmbH 工程、荷兰的 ArcadisInfra 项目等[174]。由此可见欧美等发达国家对 BIM 技术在轨道交通工程领域的重视程度，他们对 BIM 技术的应用更侧重于工程信息"内容"的管理，同时更关注充分挖掘 BIM 技术的潜力，实现在轨道交通工程建设中信息的变动性与及时性，懂得利用 BIM 技术对信息整合的特点实现沟通，以反向更好地利用 BIM 技术实现财务、法律合同、施工图纸、设计模型等全方位的信息综合管理。

8.3.2 国内应用及研究现状

目前在我国已有轨道交通设施或正在建设的城市中，推广应用 BIM 技术的城市有北京、上海、广州、深圳、宁波、武汉等。不过，除上海、广州、深圳、厦门等发展较快的城市外，其他地区的 BIM 技术应用还仅是集中于视觉效果展示、管线综合等个别应用点[177-182]。具体的案例介绍如下。

深圳地铁 20 号线全面应用了 BIM 计算机技术，在三维模拟安装、成品预制加工等方面使用了 BIM 平台的三维模型化和风险预测功能，极大地提高了施工技术的管理水平。

广州地铁 11 号线、13 号线二期、7 号线二期在施工阶段使用了 BIM 技术。主要是结合工程应用指南确定车站、区间、车辆段等模型从而建立编码规则，有效地确定了各类 BIM 应用点的应用深度、技术方法、实施流程、交付成果等。工程建设初期预先给定施工管理平台中各类软件应用之间的接口标准、数据标准等信息。使用 Revit 软件建立车辆段建筑、结构、场地等三维模型；采用 Catia 软件建立地质、轨道等模型；利用无人机航飞倾斜摄影建立周边环境实景模型；最后在自主研发的轻量化图形引擎中合模、碰撞以及优化，充分挖掘各工具的优势特点，在有效的信息数据基础上搭建完整的工程模型。利用搭建的车辆段综合模型，按照现场施工组织计划安排进行施工模拟，并在平台界面配置施工步序中每项工作的人料机资源需求，呈现施工现场信息的完整性与可视化。依据预先方案中设置的工期、质量、资源控制等各方标准，循环迭代优化场地中的加工区域、作业区域、临时道路、存放场地等布置，使得场地布置完成最优。随后按照现场施工组织开展土方开挖、围护结构施工、桩基施工、预制加工、构件运输、现场拼装等施工过程模拟工作。

2012 年至今，上海地铁 13 号线以 BIM 技术模型为核心建立了一套基于合作伙伴接口进程（PIP）架构的工程建设信息化管理平台。该平台涉及工程建设的多方参与者，可以实现对所有工程管理系统信息的整合，并能够收集所有实施过程和材料的信息数据，例如：监理方和施工单位可以通过便携手机扫描"二维码"，即可了解材料和设备从生产到进场的全过程，材料在进场后的实施过程也可以记录并绑定在 BIM 搭建的信息模型上，所有这一切均可通过便携设备（手机、电脑、iPad 等）完成和查看，完成的工作量还可以自动与造价模块联动作为支付依据。

北京地铁 19 号线一期工程新宫站公共区装修工程综合利用 BIM 技术与 VR 技术在各个阶段中统筹协调各个项目参与方。

深圳市轨道交通 9 号线西延线和 13 号线工程项目，在 BIM 技术与岩土数值建模软件之间建立了简易交互方式，并对地铁车站的施工进行了数值模拟，分析了车站基坑开挖过程中的周围土体扰动变形特征和坑底土体隆起规律。同时采用"动画＋时间轴"的 4D 模式，实现了对项目施工进度的实时把控。另外，轨行区可实现智能调线、调坡及预防侵限等功能，机电设备也可做到智能化安装和绿色建造 [183]。

深圳市轨道交通 5 号线西延线工程全线管线采用 BIM 技术轻量化后进行了增强现实（AR）覆盖展示，累计长度达 2.88km，数据匹配查询效率保守估算提升了 3 倍。在工程盾构掘进过程中，通过全线掘进进度节点与地理信息系统（GIS）数据及 BIM 技术数据融合风险源管理，保证了掘进、补充注浆、渣土改良、超前注浆等参数的相互协调与监测，为全线正常施工推进提供了安全预警。另外，工程全线共设置了 1148 个监测点，点位数据可准确实时地联动至模型点位，技术人员能够随时随地利用移动设备终端查看 BIM 模型中的监测数据、变化曲线及图形等，提前达到预警效果 [184]。

重庆轨道交通 6 号线支线二期站后机电工程中，引入了 BIM 技术、三维扫描技术、无人机倾斜摄影技术、MR 混合现实、VR 虚拟现实、360°全景摄像、数字化建造平台等多种技术，打造了以 BIM＋项目管理（PM）＋物联网（IoT）为核心的全面数字化建造体系，实现了固化工作流程、多层级多部门的全员参与模式并制定了全过程的数字化建造实施流程，实现了以数字化建造为核心理念的新型项目管理模式 [185]。

学者的研究中也有很多，例如：吴学林利用 Revit 软件建立了地铁车站三维模型及三维场布模型，依据施工进度进行了实时调整和优化场地布置；通过

154

Lumion 软件更加直观立体地展示了模型的效果图,并将其导入 Navisworks 软件中实现了施工全过程模拟,实时跟进工程施工进度,实时同步对施工作业人员的 BIM 技术交底工作,使作业人员对围护结构、格构柱、地连墙施工、基坑土方开挖等工序、工艺更加清晰,避免陷入实际操作错误的困境[186]。

近年来,我国将发展目标集中于共同富裕,大力发展乡镇及西部经济,这就需要形成广袤的交通网络,城市及轨道交通工程也将成为发展的重中之重。我国东西部城市系统未来将不断扩展,结构将不断完善,服务质量将不断提高,运输能力也会随之提升。可以说,未来我国的轨道交通工程装备制造水平和信息化程度将达到一个新的高度。

第 9 章　地铁案例分析

9.1　工程简介

案例选取石家庄市地铁某号线的一段区间为研究对象。区间以塔谈站为起点，线路出塔谈站后向东北方向行进，沿线下穿南栗明渠三孔暗涵、南二环大桥、石家庄大众驾校、南二环胜利大街匝道桥、京广东街立交桥 C 匝道桥、石家庄站地下停车场坡道，最终到达石家庄火车站。区间起止里程为 K25+305.127，右线终止里程为 K26+427.257，左线终止里程为 K26+448.057。区间右线长度为 1122.130m，区间左线长度为 1142.930m。区间在 K25+871.800 位置设置联络通道及泵房。

区间线路间距为 11.1 ～ 31.7m，区间纵向坡度呈 "V" 字形坡，线路最大纵坡为 25‰，区间覆土厚度为 10.1 ～ 20.7m。区间采用盾构法施工（联络通道部位采用暗挖施工），钢筋混凝土圆形结构。盾构机由塔谈站北端始发，石家庄站南端接收。在塔谈站、石家庄站相应设置盾构始发井、接收井，如图 9-1 所示。

图 9-1　案例区间地理位置

工程具体地质概况如下：

本次勘察揭露地层最大深度为 60m，根据钻探资料及室内土工试验结果，按地层沉积年代、成因类型，将本工程勘探范围内的土层划分为人工堆积层（Q^{ml}）、第四系全新统冲洪积层（Q^{4al+pl}）、第四系上更新统冲洪积层（Q^{3al+pl}）三大层。本场区按地层岩性及其物理力学性质进一步分为 8 个主层，其中，主要土层的分布如下。

人工堆积层（Q^{ml}）：

杂填土①$_1$层：杂色，松散～中密，稍湿，含砖渣、碎石、水泥块等，局部分布。

素填土①$_2$层：黄褐色，松散～中密，稍湿，以粉土、粉质黏土为主，含少量白砖渣，连续分布。

该土层厚度为 0.2～7.6m，层底标高为 60.32～68.72m。

第四系全新统冲洪积层（Q^{4al+pl}）：

黄土状粉质黏土③$_1$层：黄褐色、褐黄色，液限指数 I_L=0.35，可塑～硬塑，压缩模量 E_{s1-2}=7.3MPa，压缩系数 α_{v1-2}=0.25MPa^{-1}，中等压缩性，土质不均，含少量粉土，偶见姜石，局部分布；

黄土状粉土③$_2$层：褐黄色，土质较均，切面较粗，压缩模量 E_{s1-2}=7.5MPa，压缩系数 α_{v1-2}=0.23MPa^{-1}，中等压缩性，土质不均，含少量粉土，偶见姜石，局部分布；

粉细砂③$_3$层：灰白色～黄白色，标准贯入锤击数 N=15（该值为实测值统计的平均值），稍密～中密，稍湿，透镜体分布；

该土层厚度为 2.5～9.3m，层底标高为 57.42～65.08m。

粉细砂④$_1$层：灰白色～黄白色，标准贯入锤击数 N=27（该值为实测值统计的平均值），中密～密实，稍湿，压缩模量 E_s=15.0MPa，中～低压缩性，砂质较纯，分选较好，夹粉土团块，连续分布；

粉质黏土④$_4$层：褐黄色～棕黄色，液限指数 I_L=0.44，可塑～硬塑，压缩模量 E_{s1-2}=7.5MPa，压缩系数 α_{v1-2}=0.24MPa^{-1}，中等压缩性，夹少量姜石及氧化物，透镜体分布；

该土层厚度为 5.1～16.0m，层底标高为 45.91～61.22m。

第四系上更新统冲洪积层（Q^{3al+pl}）：

粉质黏土⑤$_1$层：褐黄色～棕黄色，液限指数 I_L=0.47，可塑，压缩模量 E_{s1-2}=7.5MPa，压缩系数 αv_{1-2}=0.24MPa^{-1}，中等压缩性，夹少量姜石及氧化物，局部分布；

粉细砂⑥$_1$层：灰白色～黄白色，标准贯入锤击数 N=40，密实，稍湿，压缩模量 E_s=25MPa，低压缩性，以长石、石英为主，砂质纯净，连续分布；

中粗砂含卵石⑥$_2$层：灰白色～褐黄色，标准贯入锤击数 N=46（该值为实测值统计的平均值），密实，稍湿，压缩模量 E_s=30MPa，低压缩性，以中粗砂为主，含少量卵石，最大粒径不小于 100mm，一般粒径为 20～70mm，卵石含量占 10%～20%，局部含砂质胶结，连续分布；

卵石⑥$_3$层：杂色，密实，最大粒径不小于 100mm，一般粒径为 20～70mm，局部分布；

粉质黏土⑥$_4$层：褐黄色，液限指数 I_L=0.47，可塑～硬塑，压缩模量 E_{s1-2}=7.0MPa，压缩系数 α_{v1-2}=0.26MPa^{-1}，中等压缩性，含氧化铁、姜石，局部分布；

该土层厚度为 4.1～13.1m，层底标高为 31.16～38.02m。

部分钻孔未揭穿该层。

粉质黏土⑦$_1$层：褐黄色～黄褐色，液限指数 I_L=0.42，可塑～硬塑，压缩模量 E_{s1-2}=7.2MPa，压缩系数 α_{v1-2}=0.24MPa^{-1}，中等压缩性，含姜石、砂粒、氧化铁，局部夹粉土和粉细砂薄层，连续分布；

该土层厚度为 1.8m～11.1m，层底标高为 24.26m～32.95m。

中粗砂含卵石⑧$_1$层：灰白色，标准贯入锤击数 N=54（该值为实测值统计的平均值），密实，饱和，压缩模量 E_s=40.0MPa，低压缩性，以中粗砂为主，砂质纯净，以石英、长石为主，分选较好，卵石最大粒径不小于 130mm，卵石一般粒径为 20～70mm，卵石含量占 10%～30%，亚圆形，局部含黏性土；

卵石⑧$_2$层：杂色，最大粒径约 70mm，一般粒径为 30～50mm，亚圆形，中粗砂填充，局部含砂质胶结，局部分布；

粉质黏土⑧$_3$层：黄褐色，硬塑，压缩模量 E_{s1-2}=8.8MPa，压缩系数 α_{v1-2}=0.20MPa^{-1}，低压缩性，偶见钙质条纹，具锈染，局部含卵石。

所有钻孔均未穿透本层。

隧道掘进地质主要为粉细砂④$_1$层和粉细砂⑥$_1$层，局部为粉质黏土⑤$_1$层。

工程具体的水文地质概况如下：

根据《石家庄市轨道交通一期工程抗浮设防水位及地下水浮力取值方法研究报告》，结合未来石家庄南水北调、洪水等因素影响，预测本车站场地内未来最高水位埋深为 13.33m，最高水位标高为 55.48m。因此，本工程场地抗浮设防水位标高可按 55.48m 参考使用。根据勘察结果和当地经验，防渗设计水位按自然地面标高考虑。

隧道掘进埋深为 10.1 ~ 20.7m，地下水埋深约在地表下 28.5m，故掘进过程中可不考虑地下水的影响，但需要考虑局部存在上层滞水的可能性。

案例主要使用 Revit、Dynamo、Excel 三种软件，结合各软件优势协同使用，具体操作是使用 Revit 建立模型，使用 Excel 批量处理图形数据，随之将数据导入 Dynamo 实现图形操控。

9.2　BIM 技术总体设计路线

一般情况下采用的地下实体三维建模方式是同时构建地铁站点的地上与地下一体化三维模型，需要采集沿线的地下站点几何拓扑结构和地面景观的庞大数据，工作量巨大。考虑到地铁站点地下结构的相似性和地面出入口的差异性，案例项目提出了一种新的技术实现思路，具体内容为：地下结构利用 Revit 实现精细化的三维地下建模，　采用 Civil 3D 构建塔谈站至石家庄站区间的三维地质模型，基于 Unity3D　实现联动和漫游，同时将三个危险源的沉降监测信息实现在线发布和数据分析，另外采用地铁盾构区间的数据和试验数据进行综合分析，给出三维管片的最优选型方案。系统整体结构设计如图 9-2 所示。

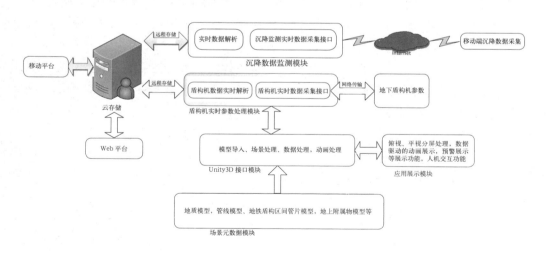

图 9-2　系统整体结构设计

该系统包括以下三个部分：

一是 PC 端的实时数据采集、传输、云存储以及三维可视化实时展示，沉降数据的实时监测及分析呈现。

二是包含多个区间的移动端展示平台，该部分通过实时读取与存储数据，实现手机、iPad 等的实时移动展示以及根据施工进度实现远程、可视化、移动化办公。

三是实现对盾构区间的管片三维数据分析与选型。

该平台研发内容包括场景元数据模块、盾构机实时参数处理模块、Unity3D接口模块以及应用展示模块、沉降数据监测模块，管片三维选型模块，从而满足时间、空间的全方位实时监控和展示，为施工提供实时的信息支撑。具体内容如下：

①场景元数据模块。场景元数据模块主要通过 Revit、Civil 3D 等建模软件构建地质、管线、地铁盾构区间管片、地上附属物等模型，实现对盾构区间的全方位 360 度空间可视化展示。

②盾构机实时参数处理模块。盾构机实时参数处理模块主要实现对盾构机参数的实时采集，通过网络传输协议实现对盾构机里程、环数、扭矩、转速、土仓压力等参数的实时采集，并通过远程网络传输协议将实时采集到的数据传输到远程云端进行存储，为数据分析和移动端提供数据支撑。

③ Unity 3D 接口模块。Unity 3D 接口模块主要指业务流程的运行逻辑，包括实现对场景的放大、缩小、移动、场景分屏、盾构机实时参数的接收与处理等。

④应用展示模块。应用展示模块主要是对实时数据和三维场景的可视化展示，包括实现对地铁盾构区间的平视、俯视等三维形象实时展示，以及盾构机参数的实时展示，各种危险源以及标注信息的预警展示。

⑤沉降数据监测模块。该软件基于石家庄地铁 2 号线塔谈站—石家庄各站的盾构区间，在该区间下穿二环桥、京广东街桥，以及塔谈大桥三个桥，均属一级风险源，需要实时监控沉降情况，从而根据沉降数据进行施工方案的制订和调整。

⑥管片三维选型模块。通过管片选型的试验数据生成三维的管片模型，实现管片的对比和三维选型的目的。

地铁的相关 BIM 建模方式如附录 C 所示。

9.3　BIM 模型构建

9.3.1　Civil 3D 地质建模

运用 Civil 3D 和 3d Max 进行地质建模，本项目根据大部分最易用的三维地质建模资料，也就是钻孔数据、地质剖面图和数字地形图等内容，确定了利用钻孔数据和空间插值建立可靠地层界限混合构模，通过核心建模软件及其开发逐层修正、实体化，构建精细三维地质模型的技术思路。如图 9-3 所示为地质建模和编程技术思路。

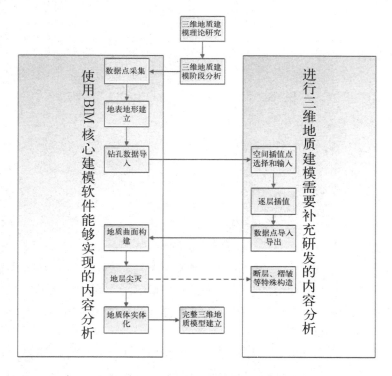

图 9-3　地质建模和编程技术思路

161

9.3.2 三维地质建模技术流程

9.3.2.1 地质数据的组织

1. 数据采集

地质数据来源复杂，有直接测定获取的原始数据和分析、推断以及空间内插得到的模糊数据。本项目所使用的原始采样数据主要包括地表的电子地形图和钻孔数据图，能够帮助用户获得详细可靠的地下地质情况。

本项目所使用的模糊数据主要是利用原始钻孔数据，通过空间插值得到的地层数据点，作为构建完整的地层模型的补充数据。通过科学合理的插值方式，有效填充了地层空间大量地区没有钻孔的数据空白。这类数据点确定性低于原始测量点，本项目中创新性地使用了克里金插值等方法来实现数据点的补充工作。

克里金法（Kriging）是依据协方差函数对随机过程或者随机场进行空间建模和预测（插值）的回归算法[187]。在特定的随机过程中，克里金法能够给出最优线性无偏估计（Best Linear Unbiased Prediction，BLUP）。

2. 数据预处理

地质数据资料，分类排列体系各有不同，在进行三维地质建模之前需要依据一定的准则对数据进行规范化处理，以满足下一步建模的各类需求，包括数据的概化解释和排列体系归一化。

9.3.2.2 计算方法的选用

本案例选择空间插值方法，具体原因及分析情况如下：

①原始钻孔数据的获取需要高昂的代价，包括大量的时间成本和经费，而对于三维地质建模，大量的地层数据又是非常必要的。空间内插能够使得建模采样点均匀密布，主要手段是根据已知点数据值预测未知区域的空间数据值，在本项目中，主要是坐标数据的预测。

②三维地质建模的核心内容之一就是构建地质界面，而钻孔数据等原始数据无论是数量还是分布质量实际上往往达不到构建完整曲面的要求，因此进行科学的空间插值非常有必要。

9.3.2.3　梳理三维地质建模的具体要点

1．地质界面建模

在使用的 Civil 3D 建模软件中，使用曲面对象模拟空间地质界面，包括建模主要涉及的地形表面和地层曲面。一般地质界面的几何形态十分复杂，但按照建模的几何形态，可以分成单值界面与多值界面。对于单值曲面，采用简单顺序的建模思路便可以直接实现。一般使用高程点和等高线作为曲面建模的基本依据。如图 9-4 所示为利用高程线建立的曲面模型。

而特殊的曲面如断层曲面，则需要考虑断层上下盘的错动，会引发地层界面的连续性发生破坏，此时则不能使用连续的单值曲面进行考虑。对于有断层现象的地质体，需要考虑地层界面的重构。但是，由于断层面的数据点获取困难，空间构造复杂，成熟的断层三维建模研究较少，运用也存在诸多问题；皱褶构造，因为形态变化不均匀，特殊情况包括倒转和平卧褶曲等存在多值曲面，缺乏充足的数据点，使得褶皱曲面的建立也同样十分困难。

图 9-4　利用高程线建立的曲面模型

2．三维模型实体化

目前，三维实体模型构建方法主要包括线框建模方法、表面建模方法、块段建模方法、断面建模方法、映射建模方法等，其实体化是目前三维地理信息系统领域研究的难题。本书使用 Civil 3D 软件自带功能完成实体化操作，操作方便，展示效果优秀，能够基本完成实体化操作的各个要求，并且可以通过布尔运算等基本命令进行实体的各类修改工作，易于操作。

3．模型分析

模型建立之后，能够进行充分的模型分析，模型的直观性也是三维模型存在的重要意义。本项目建立的三维地质模型，可以自由地进行各种旋转、放缩，绘制剖面图，进行开挖计算、体量计算等。

传统的二维地质绘图无论是手绘还是 CAD 等二维软件绘图，都是极其烦琐的工作。手工绘图中无法实现空间数据和属性数据的快速查询；CAD 制图过程自动化程度低；自行研发的二维地质绘图软件，可以实现一定的自动化，但灵活性及开放性方面较小。同时传统方法中无法达到精确的数值坐标，减弱了图纸的科学性。上述基于 BIM 技术平台，使用 Civil 3D 软件建立的地质模型虽然也是基于原始的勘探数据，但是克里金法的高精度预测性使得未测点的数据更加精准，搭建的三维模型不仅充分体现了三维可视化的优势，而且呈现的模型质量也高于传统方式。基于精确图纸的后续设计及施工环节将大大降低了工程修正的时间成本，提高了各方的沟通效率；加快了整体工程进度。因此，可以说 BIM 技术的三维地质建模流程实现了工程进度的隐形低碳设计。

9.3.3　塔谈站至石家庄站区间的地质建模效果

以 Civil 3D 软件的建模功能为技术核心，以三维地质建模的理论研究为技术支撑，通过软件强大的曲面构建能力，建立地表地形和地层界面，并通过曲面构建实体的方法实现三维地质实体建模。地质建模最终效果如下。

俯视地质建模效果图如图 9-5 所示。

图 9-5　俯视效果图

透过俯视地质建模效果图可以看出不同的地质结构及地形结构。

侧面地质建模效果图分别如图 9-6、图 9-7 所示。

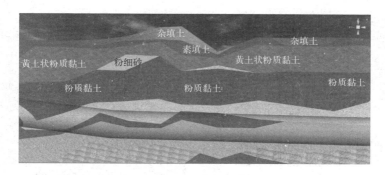

图 9-6　侧面地质建模效果图一

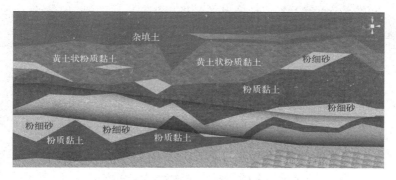

图 9-7　侧面地质建模效果图二

　　为便于模型的立体形象化，提高对模型的理解，对不同的地质层应用不同色彩的图像填充。

9.3.4　桥梁和车站建模

　　桥梁、车站建模采用 Revit 软件进行，通过 2D 图纸构建 3D 施工模型或从 BIM 设计模型导入，实现对地铁建设中的桥梁、盾构区间以及车站围护结构等的建模。

9.3.4.1　土建结构建模

　　采用 Revit 软件对地铁结构进行全面建模，其效果图如图 9-8 所示。

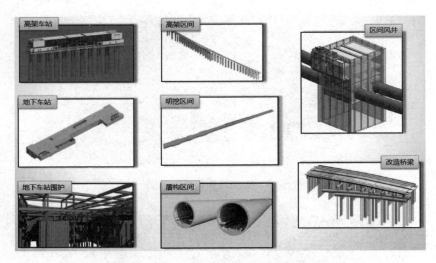

图 9-8　地铁结构全面建模效果图

9.3.4.2　车站建模

地铁车站全面建模、细节、内部结构、仿真效果图分别如图 9-9 ～图 9-12 所示。

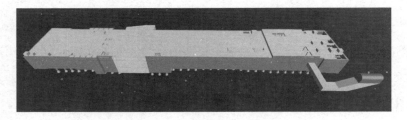

图 9-9　地铁车站全面建模效果图

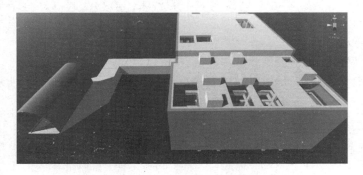

图 9-10　地铁车站细节效果图

图 9-11　地铁车站内部结构效果图

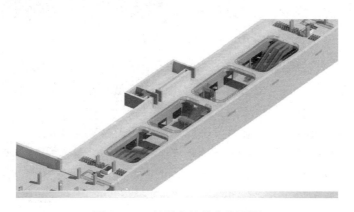

图 9-12　地铁车站仿真效果图

车站石家庄地铁车站入口、内部效果图分别如图 9-13、图 9-14 所示。

图 9-13　石家庄地铁车站入口效果图

图 9-14 石家庄地铁内部效果图

从土建结构建模和车站建模部分可以清晰地看到，由 BIM 技术平台实现的具体三维模型，较之二维图纸更加具象化，即使是对非专业人员来说也更加易于理解。下面主要介绍一下桥梁建模的具体内容。

利用 Revit 软件进行桥梁建模主要通过以下步骤来实现：

步骤一：将桥梁整体结构分解成桥梁组件，并规范性地进行分类。

步骤二：将桥梁组件细分为构件以及图元，并进行参数化，编制与几何构造尺寸对应的参数表。

步骤三：对桥梁组件三维模型进行组装和定位，确定并定义构件控制点和相对空间位置关系，组装构件使之成为组件，存储在组件模板库中，定义组件控制点。

步骤四：提取项目的三维路线信息，确定路线的桩号和设计高程。

步骤五：对组件三维模型进行装配，在路线信息的基础上，利用定位参数确定组件模型位置，调用 type 方法，使组件之间自动进行参数化装配。

建模效果图分别如图 9-15 ～图 9-17 所示。

图 9-15　利用 Revit 软件构建的桥梁整体效果图

图 9-16　桥梁与路面的定位效果图

图 9-17　桥梁整体效果图

9.3.5 地上附属物建模

地上附属物建模以路面建模部分进行详细说明。按照路面上路线分布以及路面标志物建模，针对路线分布以及路面标志物贴图区分，图9-18为塔谈站至石家庄站区间的路面整体效果图。

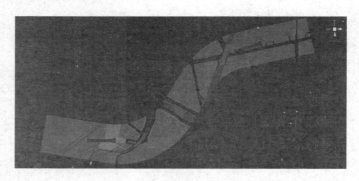

图 9-18 塔谈站至石家庄站区间的路面整体效果图

路面三维模型的一处局部细节效果图如图9-19所示，在图中可见部分桥梁和路面以及其他附属物的建模效果。

图 9-19 路面三维模型的一处局部细节效果图

9.4 盾构管片设计

对于细节构件的设计，项目也采用了BIM技术。盾构管片即其中之一，下面将详细说明BIM技术在盾构管片的设计使用中发挥的作用。

9.4.1　盾构管片参数

盾构管片是项目重要的构件，是构成管片环的所有分块的统称，包括标准块（B）、邻接块（L）和封顶块（F）三类。管片的分块数量因隧道直径（对应管片环的周长）的不同而不同。原则是不宜做得太大，以便于运输和安装。本案例项目选择根据隧道参数进行管片用量的设计计算。具体的盾构管片尺寸参数如下。

9.4.1.1　管片参数

1. 隧道内径

盾构区间隧道的建筑限界为 5300mm；考虑盾构隧道发生的施工误差、结构变形、隧道沉降以及测量误差等因素，在隧道周边设置 100mm 的预留量，即隧道管片内净空理论值为 R = 5300+100+100 = 5500mm。

2. 衬砌环构造

衬砌环由 1 个封顶块、2 个邻接块、3 个标准块组成。衬砌环外径为 6200mm，内径为 5500mm，管片宽度为 1200mm，管片厚度为 350mm。本案例项目设计了左、右转弯楔形环，通过与标准环的各种组合来拟合不同的曲线。楔形环为双面楔形，楔形量为 Δ=49.60mm，楔形角 β=0.458°（0.008rad），楔形量平分为两部分，对称设置于楔形环的两侧环面。

3. 管片形式

案例区间衬砌采用预制混凝土平板型管片衬砌，管片环间为错缝拼装。

4. 衬砌环连接与附件

衬砌环连接：衬砌环接缝采用弯螺栓连接，其中每个环缝采用 16 根 M30 螺栓，每环纵缝采用 12 根 M30 螺栓。管片间连接螺栓采用强度等级为 5.8 级、螺母等级为 5 级、垫圈性能等级为 $200H_v$ 级、性能等级为 C 级的钢材。

吊装（注浆）孔：各管片几何中心设置吊装孔，同时可作为隧道衬砌完成后二次注浆孔使用。吊装孔预埋件应进行抗拉拔试验，抗拉拔力不应小于 5 倍构件自重。

5. 衬砌混凝土等级

混凝土为高强混凝土，强度等级为 C50，抗渗等级为 P12。

6. 拼装方式

衬砌环采用错缝拼装，一般情况下，封顶块的位置偏离正上方 ±22.5°，在曲线模拟和施工纠偏时标准环、楔形环封顶块可依需要偏离正上方 ±22.5°的整数倍角度，但不大于 90°。

7. 封顶块插入方式

封顶块拼装时先搭接 2/3 环宽，径向推上，然后再纵向插入。

8. 防水构造

管片端面采用平面式，仅在设置防水胶条处留有沟槽。

9. 衬砌环种类

区间衬砌环种类有普通环、楔形环、特殊环、加强环及进、出洞环。楔形环用于曲线地段，特殊环用于联络通道或排水泵站处，加强环用于特别加强的部位。特殊环与进、出洞环均预埋钢板，加强环与特殊环管片主筋比普通环加强。

9.4.1.2 管片编号说明

标准环用[XZ]/X表示，左转弯环用[XL]/X表示，右转弯环用[XR]/X表示。三种衬砌环每块管片的编号说明见表 9-1。

表 9-1 管片编号说明

衬砌环	封顶块	邻接块		标准块		
标准环 [XZ]/X	[F—N]/X	[L1—N]/X	[L2—N]/X	[B1—N]/X	[B2—N]/X	[B3—N]/X
左转弯环 [XL]/X	[FL—N]/X	[L1L—N]/X	[L2L—N]/X	[B1L—N]/X	[B2L—N]/X	[B3L—N]/X
右转弯环 [XR]/X	[FR—N]/X	[L1R—N]/X	[L2R—N]/X	[B1R—N]/X	[B2L—N]/X	[B3L—N]/X

注：①字母X取值1、2、3，分别对应P1型、P2型、P3型管片配筋；

②字母N表示衬砌环的模具套数编号。

172

本区间管片分为 P1 型、P2 型和 P3 型三种，P1 型和 P2 型管片分别对应普通段以 11.5m 覆土为临界深度的两种管片配筋，P3 型管片对应加强段配筋，三种管片除配筋不同外，其余尺寸均相同，其中盾构下穿风险处、进出洞环及联络通道处加强环均需采用 P3 型管片。

9.4.1.3　工程材料

1. 混凝土

衬砌环管片混凝土强度等级为 C50，抗渗等级为 P12。

2. 钢筋

钢筋采用 HPB300、HRB400。钢管片及钢制预埋件均采用 Q235 钢。

3. 螺栓

管片连接螺栓采用性能等级为 5.8 级的普通 C 级螺栓。

4. 钢材及焊条

HRB400 级钢筋搭接焊采用 E50 级焊条；钢管片及钢制预埋件、HPB300 级钢筋采用 E43 系列焊条。所有外露铁件均需进行防腐处理。

5. 预埋槽道及锚杆

预埋槽道必须采用一次性热轧成型的全齿半闭口型钢槽道，弧度加工应在工厂完成；槽道及锚杆材质性能不低于 Q235B 钢，T 形螺栓采用 M12。

9.4.1.4　构造措施

1. 钢筋混凝土保护层厚度

钢筋混凝土管片按预制构件考虑，混凝土净保护层厚度外侧为 40mm，内侧为 40mm（包含主筋、分布筋、箍筋）。混凝土管片钢筋必须采用焊接骨架。

2. 钢筋的锚固与搭接

除图中注明者外，混凝土中钢筋的锚固长度为 30d。当钢筋采用焊接连接时，接头形式、焊接工艺、质量要求及验收等，应符合《混凝土结构工程施工质量验收规范》（GB 50204—2015），《钢筋焊接及验收规程》（JGJ 18—2012）等现行有关规范流程的要求。

3. 钢筋与骨架制作

管片钢筋必须精确加工、准确定位。钢筋与钢筋之间，以及与任何临近的金

173

属预埋件之间的净距离不得小于 25mm。在钢筋笼搬运或混凝土浇筑过程中，应采取有效措施确保钢筋骨架不变位。

4. 防腐措施

管片间的连接螺栓及联络通道处暴露的预埋钢板均涂锌铬涂层作为防腐处理。圆隧道轨面以下缝及手孔用细石混凝土浇捣填实。凡暴露于大气中的金属埋件与零件，均涂锌铬涂层。

5. 管片构造要求

为满足防水构造要求，在管片的环缝、纵缝面设有一道弹性密封垫槽及嵌缝槽；由于管片拼装需要，每块管片中央均设有吊装孔，吊装孔兼二次补强注浆的注浆孔，内装逆止阀。吊装孔预埋件应进行抗拔试验，抗拔力不应小于 5 倍构件自重。

6. 预埋槽道构造措施

对于槽道在盾构模板上的固定方式，考虑施工简便，应尽量避免采用在模板上钻孔的方式进行固定，建议采用固定销方式进行固定。槽道供应商应结合自身的经验，提出合理的固定方案。

9.4.2 Revit 盾构管片模型族的制作

标准环、左转弯环和右转弯环模型为 1.2m 幅宽的管片模型，在 Revit 软件中导入 CAD 图纸以绘制模型轮廓，以公制常规模型为标准做参考线，初步生成标准块模型，如图 9-20（a）所示；将制作好的标准块，以参考线为轴线镜像得到三维图像，如图 9-20（b）所示。

（a）标准块生成示意图　　　　　　　（b）标准块镜像示意图

图 9-20　模型三维图

具体建模过程如下：

①读取管片几何形状参数，作为后续盾构隧道建模的数据基础，具体见表 9-2。

表 9-2　几何形状参数

参数名称	参数变量	变量类型	说明
初始环中心点坐标	origin	三维点 (Point3D)	管片初始拼装参数
初始环法向向量	direction	三维点 (Point3D)	管片初始拼装参数
管片中心宽度	width	双精度型 (Double)	管片环中心处的宽度 (mm)
管片环楔形角	deltangle	双精度型 (Double)	整个管片的楔形角，若为双侧楔形，每侧楔形角为 deltangle/2
管片块数	bN	整数型 (int)	每环管片包含的管片块数量
剖面数量	pN	整数型 (int)	使用基于多个剖面的建模方法
封顶块位置	aF	双精度型 (Double)	以封顶块偏离竖直方向的角度表示
各剖面中所有管片块的圆心角	blockAngle ArrArray	数组型 (Array)	多个剖面的所有管片块的圆心角的数组
管片块外径	RadiusArr	数组型 (Array)	(mm)
管片块内径	radiusArr	数组型 (Array)	(mm)

175

参数名称	参数变量	变量类型	说明
环间螺栓孔的数量	boltNumDic	词典型	管片块序号与对应的环间螺栓孔的数量组成的key—value 数对
环间螺栓孔的角度	boltAngDic	词典型	管片块序号与其包含的各环间螺栓孔的角度数组组成的key—value 数对

②根据参数计算组成管片块的剖面轮廓各条线段的端点坐标和控制点坐标。各剖面主要计算各管片块的内外圆起始点和终止点（$P_1 \sim P_4$）、各孔洞的中心点和定位点（$P_5 \sim P_9$）等，如图 9-21 所示。

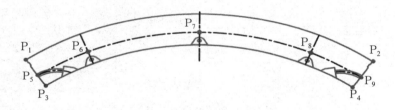

图 9-21　管片块中的控制点示意图

③根据端点坐标，调用相应线段函数形成不同类型的线段。

④将上述线段按照逆时针为正的顺序首尾相连形成闭合的管片块剖面多边形。

⑤调用管片块轮廓类将上述多边形转换形成管片块所需的前轮廓和后轮廓。

⑥由于楔形角的存在，管片块的各个剖面所在平面并不是平行的，各剖面在基准平面的基础上朝各自的方向平移并旋转一定的角度，如图 9-22 所示。根据管片块类型和楔形角的要求，计算各剖面轮廓所在平面与竖直方向的夹角，并将剖面平面旋转到该角度，形成各剖面的作业面。

采用同样的方法，将各剖面轮廓类平移并旋转到各自的剖面作业面上，保证各个剖面按顺序排列起来。

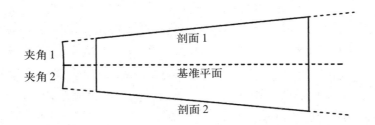

图 9-22　管片剖面示意图

⑦调用实体建模函数，以各剖面轮廓类组成的数组作为建模参数，放样形成管片块实体。

⑧判断管片块之间的位置误差是否满足条件，如果不满足，则返回检查输入的参数，调整部分参数或者计算默认设定。

⑨一般管片环由一个封顶块、两个邻接块和若干个标准块组成，设定封顶块的位置（为简单起见，一般设为正上方中央位置）后，其余管片块的位置也随之确定，以此拼装组成完整的管片环。

建模过程中需要注意曲线拟合方式的选择。拟合的目的是使管片轴线组成的曲线段更贴合实际设计曲线，需要对每种拼装位姿的结果进行试算，寻找管片环轴线末端点与曲线距离最近的位姿。通常的做法是通过最小二乘法，在设计曲线前进方向上寻找与管片轴线起点距离为管片环标准幅宽的点，并将之作为理论中心点，试算在各种位姿下轴线末端点的位置，寻找与理论中心点最近的位姿作为最佳结果。这种计算方法通常需要多步迭代计算理论中心点，最终计算的最佳位姿不一定能与设计结果完全一致。

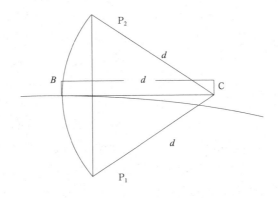

图 9-23　现行试算原理特殊情况图

如图 9-23 所示，一次计算中，假设 C 点为 AI 坐标系中点，B 为迭代计算得到的理论中心点，P_1，P_2 分别为 2 种位姿计算轴线向量末端点，4 点均处于同一平面内，线段 $CB=CP_1=CP_2=d$。如果线段 $P_1B=P_2B$，则根据过去的拟合原则，P_1，P_2 两点对应位姿与曲线的拟合度是相当的。但是由于设计曲线并不是直线，此情况下 P_1 点与设计曲线的距离比 P_2 点与设计曲线的距离小，即认为 P_1 点对应的位姿与设计曲线更为拟合。

因此，借助参数化建模软件提供的功能，可以提出直接通过比较管片环轴线末端点与曲线距离的方式，筛选最佳管片环位姿，即直接由 Revit 软件输出试算点到设计曲线的距离，选择距离最小的试算点进行拟合。这一过程可减少采用传统最小二乘法时的计算时间，并且计算界面对作业人员来说既简便又友好。

传统的建筑设计过程中，在方案设计阶段基本会存在一个方案比选的环节，但是方案的比选主要考虑的因素是建筑形体的空间设计，以建筑专业为主导。初步设计与施工图设计阶段较少有选择性设计主动权，设计部门和施工作业人员一般是在国家规范和行业标准的指导下，根据专业知识、设计及施工经验或者依据相似案例工程等进行结构设计和施工组织管理，一般情况下无法主导设计比选优化方案的产生。工程中后期的成本预算、运营维护状态及建筑节能分析都是在施工图完成以后，计算结果只要满足规范即可，基本不给出比选和优化设计的空间。并不是所有工程都如此，存在少量大型建设项目或者行业标杆性建设单位出于工程高质量低成本的考虑，会在施工图设计阶段委托第三方对项目实施项目优化设计。但是这一过程中需要考虑众多因素，例如，第三方服务企业的服务质量、实际进度、人工读取筛选数据的误差、工程数据的保密性、双方之间的沟通耗时等，这些都会造成项目在方案优化过程费时耗力，工程效率低下。而 BIM 技术的动态信息化特点可以弥补这一缺点。前面的 BIM 技术特点中已经指出了该技术可以在三维模型建立过程中实现实时更新数据信息，并同时结合投资信息、财务报表、建筑师的设计理念、国家规范、施工作业人员经验、节能环保标准等实现虚拟建造、综合分析、深度优化，以降低工程成本，满足设计方案优化、节能减排等多方面的需求。

BIM 技术在建筑方案的设计阶段可以确定建筑的空间形式、主要材料、主要施工方法及工艺、所采用的设备机具。对于轨道交通工程来说，需要根据工程位置的地质分布情况，沿线周边的建筑状态和地理地貌、工程使用需求和特点，分析地铁沿线自然环境与城市环境，对地铁线及地铁站的空间处理、平面和竖向构成、立面造型和环境营造等进行设计。BIM 技术将目前普遍使用的电算化过程进行了更深层次的简化，从地铁修建的成本预算、建筑材料的采购和供应、机械设备的使用、碰撞检查、施工进度的变化到运行使用中的照明时长及暖通设备的运行状况等可以实现更加精准和详细的计算。下面以建筑工程专业和结构工程专业为例说明轨道交通工程在节能减排方面需要关注的设计内容。

建筑工程专业在针对地铁站点的设计中需要注重控制建筑体形的变化，在有限的空间中合理安置能源设备（照明设备、空调设备等），以减少其数量降低资源浪费；合理利用建筑构造形式，使其保持地铁站的温度和自然通风；注重站点的墙体、地面的保温设计，可以考虑采用新型建筑材料或者新的施工工艺；保持土建与装修工程一体化设计理念；尽量使用可拆卸重复使用的隔断墙体或其他构件，以降低自然资源的使用量；可以考虑使用装配式建筑构件，设计整体式公共卫生间等。

结构工程专业主要是在工程主要材料的选择上要慎重，例如，尽量选择适于施工的工厂化预制生产性结构构件；尽量选择合理的高性能混凝土、钢材或者砂浆等；尽量选择可循环使用的建筑材料；尽量考虑以废弃物为原料生产的建筑材料。在使用 BIM 技术的过程中，要注重施工工艺与方法的比选；注重结构的深度优化，实时纠错纠偏，减少施工过程中可能产生的错误，以达到节省建筑材料的目的。

涉及建筑物全生命周期的活动数据信息量巨大，　在 BIM 技术平台的支持下可以不再使用基础软件计算、人工读取、筛选或转换信息等方式完成相关分析，可以直接从 BIM 技术平台获得三维模型所包含的大量数据，同时利用平台强大的信息处理能力，跟踪建筑材料或设备在全生命周期中的轨迹，进行地铁碳排量的计算。

地铁工程材料消耗所涉的材料种类繁多，是模型分析的一个重要方面，材料和资源的消耗量主要由设计计算决定。建筑材料的能源消耗可以贯穿于整个建筑生命周期，只是在不同的阶段具有不同的影响因素。为减少建筑材料在整个建筑生命周期中的消耗量，需要对设计模型进行充分的优化比选。下面以本案例工程中盾构区间 BIM 建模及选型来说明其与传统方式设计的区别。

9.4.3　BIM 建模及选型

结合前述的拟合原理可以看出管片标准环和转弯环按照一定数量、顺序和旋转方向排列，能够拟合出不同半径的曲线隧道，理论上可以进行全线路管片排版，预先确定每环管片的拼装点位，然后制订管片需求计划，实现构件预制。整个过

建筑结构低碳设计

程结合 BIM 模型进行分析、计算、优化，在降低成本，满足节能减排和绿色建筑等多方面要求的同时，还能完成建筑物的虚拟建造过程。精简迭代次数，曲线段转弯环理论数量优化计算如下：

①转弯环管片偏转角计算。依照曲线的圆心角与转弯环产生的偏转角关系（见图 9-24）可知：

$$\theta = 2 \times \arctan\left(\frac{\delta}{D}\right) \tag{9-1}$$

式中：θ 为转弯环或缓和曲线的偏转角；δ 为转弯环最大楔形量的一半，mm；D 为管片直径，mm。

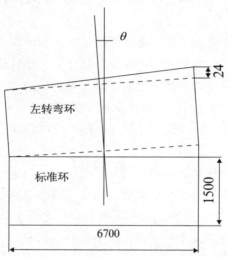

图 9-24　标准环与转弯环关系图（单位：mm）

②每条曲线上的转弯环个数为：

$$N = \frac{\alpha}{\theta} \tag{9-2}$$

或

$$N = \frac{\beta}{\theta} \tag{9-3}$$

180

式中：N 为该转弯段所需要的转弯环数量；α 为圆曲线偏转角，（°）；β 为缓和曲线的偏转角，（°）。

　　根据表 9-3 塔谈站至石家庄站区间左线隧道中心线平曲线要素统计表，结合式（9-1）～式（9-3），计算出塔谈站至石家庄站区间左线隧道管片理论排版，其中理论排版中需要左转弯环管片 110 环，右转弯环管片 142 环，标准环管片 698 环。

　　根据塔谈站至石家庄站区间左线隧道设计轴线、管片构造尺寸及理论排版要求，把不同管片进行错缝拼装，模拟盾构掘进施工过程，建立三维 BIM 模型，具体模型如图 9-25 所示。根据模型效果，能够指导现场施工，根据盾构姿态提前做好管片选型，并能够在盾构姿态出现偏差时，通过管片选型进行模拟现场纠偏，还可以根据模型中管片的排版进行报管片月和季度计划。

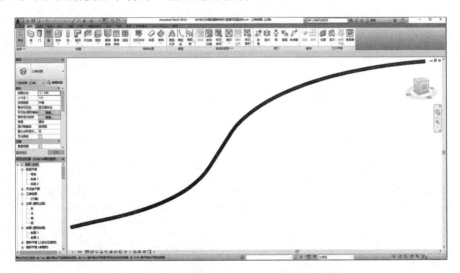

图 9-25　塔谈站至石家庄站区间左线模型布置图

建筑结构低碳设计

表9-3 塔谈站至石家庄站区间左线隧道中心线平曲线要素统计表

点号	里程	坐标		偏转方向	曲线要素						备注	环数
		X	Y		A	d	l	T_s	L_s	R		
QD	25 305	194 397	500 217									1
ZH	25 367	194 457	500 206									51
HY	25 437	194 526	500 191	左	46° 10′ 01″	−0.145 ~ 0	70	190.789	364.104	365	ZJD10	109
QZ	25 549	194 627	500 145									202
YH	25 661	194 710	500 070									296
HZ	25 731	194 751	500 013									426
ZH	25 897	194 843	499 875									493
HY	25 962	194 880	499 822	右	66° 36′ 28″	0 ~ 0.143	65	298.853	535.823	405	ZJD11	547
QZ	26 165	195 040	499 700									860
YH	26 368	195 238	499 670									884
HZ	26 433	195 303	499 679									938
ZD	26 448	195 318	499 682									950

根据 Revit 软件中明细表功能统计模型左线所需各类型管片的数量，模型中具体管片数量见表 9-4。

表 9-4　方案对比

方案	直线环	左转环	右转环	总环数
传统设计方案	698	119	150	967
BIM 模拟方案	675	113	152	950
实际用量	680	118	152	950

表 9-4 中显示管片在传统设计方案用量、BIM 模拟方案用量及实际用量的对比，可以得出理论计算的各类管片的需求量和模拟结果基本一致，体现理论计算结果和模型的准确性，能够双重指导现场施工，保证施工和成型隧道质量。同时可以发现，除了直线环、左转环、右转环各项的计算量有略微的差异外，BIM 模拟方案用量的用量更为接近实际用量，并且 BIM 计算的耗时要远远小于传统设计方法。综合开看，BIM 技术体现了其精确合理性。

下面将对传统设计方案、BIM 模拟方案与实际用量三种情况下的盾构管片材料 CO_2 排放量进行统计计算分析。

9.4.4　不同方案下材料的 CO_2 排放量分析

管片由 1 个封顶块、2 个邻接块、3 个标准块组成，共计 6 块管片。管片外径 R 为 6200mm，内径 r 为 5500mm，管片宽度 b 为 1200mm，管片厚度 h 为 350mm，管片采用的是 C50 混凝土，密度 $\gamma=2500kg/m^3$。管片之间的连接采用 12 根 M30 螺栓，强度等级为 5.8 级，螺母等级为 5 级，垫圈性能等级为 200HV，性能等级为 C 级的钢材，理论质量取 4.23kg。

9.4.4.1　设计方案的材料用量统计

假定每种管片的大小相同，每片管片的混凝土用量为：

$$V_{C50}=0.25\pi\ (R^2-r^2)\ h\times10^{-9}=2.25m^3$$

$$m_{C50}=0.25\pi\ (R^2-r^2)\ h\times10^{-9}\gamma=5\ 628.36kg$$

每种方案的材料用量为：

传统设计方案：混凝土用量：2 175.75m³/5 442.62t；螺母钢材用量：11.66t。

183

BIM 模拟方案：混凝土用量：2 137.5m³/5 346.94t；螺母钢材用量：11.45t。

9.4.4.2　全生命周期建筑材料 CO_2 排放量计算

此处对 CO_2 的排放量计算需要说明的是，螺母转化为钢材看待，整个过程中不考虑其施工阶段和运营维护阶段的 CO_2 排放量；管片是预制混凝土构件。

预制混凝土的碳排放过程与现浇过程存在一定的差异，具体涉及的环节有：原料的生产和运输过程；原料进入工厂二次搬运过程；预制混凝土生产过程（包含厂内的水电）；生产服务过程（包含厂内维修、清洗、办公及生活过程）[188]。因此，预制混凝土 C50 的 CO_2 排放量主要的计算范围为原材料生产、运输、预制混凝土产品生产及出厂，C50 的 CO_2 排放量限值 ≤ 330kgCO_2/m³，此处选取330kgCO_2/m³。

基于上述条件计算钢材与混凝土的 CO_2 排放量，具体见表9-5。

表 9-5　两种方案物化能耗 CO_2 排放量

方案	传统设计方案		BIM 模拟方案	
内容	预制混凝土 /t	螺母钢材 /t	预制混凝土 /t	螺母钢材 /t
原料开采与生产阶段	718.00	30.32	705.38	29.77
材料加工阶段		2.76		2.71
产品运输阶段	86.32	0.18	84.80	0.18
施工阶段	39.39	—	38.69	—
回收利用阶段	—	−10.49	—	−10.31
每种材料过程总量	843.70	22.77	828.87	22.36
所有材料过程总量	866.47		851.23	

从表9-5可以看出传统设计方案由于用量较多导致材料及构件在建筑全生命周期中的各阶段碳排量都要高于BIM模拟方案。两种材料在两种方案中的 CO_2 排放量差别为15.24t。2021年上半年我国省会城市中人均碳排放量最少的

城市海口的排放量为 1.49t/ 人。也就是说，两种方案下的排量差异相当于 10 个海口人的碳排量。由此可见，采用 BIM 技术进行的盾构管片计算不仅更接近实际施工用量，还更加低碳，节省的碳排量也非常可观。

9.5 BIM 技术的纠偏应用

在盾构掘进过程中，由于操作或者设计误差等情况的存在，经常出现盾构姿态纠偏问题，尤其是地铁在急转弯的区间段。如果纠偏不及时、纠偏精度不够，可能无法如期完成工程。在掘进过程中出现偏差，盾构姿态很容易偏离设计轴线，此时就需要进行纠偏。纠偏的原则是缓慢推进、合理选择管片类型、科学控制盾尾间隙（不宜过大或过小）。传统方法中一般无法提前预知纠偏情况，而使用 BIM 技术可以在掘进过程中实现对模型的提前纠偏模拟，从而得到纠偏回到设计轴线所需的合理的转弯环数。

首先来了解一下盾构纠偏的基本原理（见图 9-26）：以平曲线为例，其原理是在隧道挖掘过程中的某一时刻，发现盾构机掘进偏差超过限定值时，盾构机轴线的方位角为 α_1，利用导向系统可以计算得到此时盾首或盾尾坐标，纠偏距离为 L（一般是根据经验确定的，它是纠偏起始点与纠偏终点的连线在终点切线上的投影距离），利用设计中线数据可计算出纠偏结束时盾构机的轴线方位角 α_2 以及盾首和盾尾的坐标，以此得到纠偏半径 R。

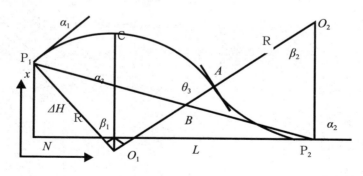

图 9-26 纠偏原理图

一般成环隧道实际轴线和隧道设计轴线之间的偏差控制，都是通过选择合理的管片排版方案来完成的。

我国基本上是依靠施工人员现场测量计算和经验来选取管片，选型技术主要

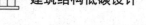

还是依靠国外的选型系统，例如上海市上中路隧道工程中，采用了 PYXIS 测量导向系统[189]。

盾构隧道管片的拟合排版和纠偏，国内的一些学者也取得了一系列研究成果。杨栓民[190]对盾构隧道的曲线拟合进行了研究，得出了楔形量、管片长度、拟合误差、曲线最小半径等参数间的联系，为后续盾构设计管片参数的选择提供了参考。

高春香、朱国力[191]考虑到盾构施工要精确控制推进油缸的行程，在不影响管片合理选取的情况下，简化了盾尾间隙改变量的计算公式，给出了相应的管片计算预测过程。

王腾飞、邓朝辉[192]探讨了通用楔形环空间线路拟合特点、控制因素和拟合方法，并依据拟合原理编制了计算软件，结合工程实例对线路进行了拟合计算。

陆雅萍[193]开发了一款盾构管片排版和纠偏管理软件，根据管片与隧道轴线的方向角偏差进行排版，但其拟合结果出现误差容易累积的现象，尚有待完善。

BIM 技术纠偏主要是通过拟合隧道掘进路线的形式实现。首先是拟合盾构设计掘进路线，其次建立实际的掘进路线，最后将两者进行路线偏移的对比。如果偏移量超过限值则采取纠偏措施。

下面，将以案例项目的左线转弯半径为 460cm 的区段为例进行纠偏模拟，以说明 BIM 技术的纠偏效率和准确性。假设管片水平姿态发生偏离，且偏离距离为 5cm，具体如图 9-27 所示。

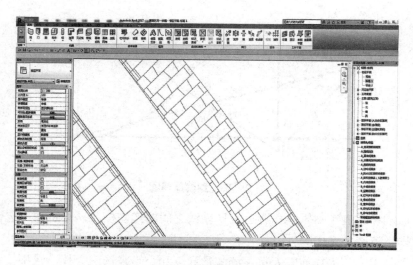

图 9-27　管片纠偏模拟过程图

从图 9-27 中可以看出，在左线 206 环处盾构管片右侧偏离设计轴线 5cm，利用软件中左转和标准环管片进行纠偏，在保证管片拼装质量的情况下，合理的纠偏环数为 17 环左转和标准环管片组合。

由上述内容可以发现，传统纠偏方法中基本都是对掘进路线进行坐标定位计算，以明确偏移量，而 BIM 技术方法则不用考虑具体的计算，使用模拟路线对比的方式实现。可见，BIM 技术在视觉呈现上更加直观，非专业人员也可看懂。同时，偏移量不仅是隧道轴线间的，也能反映整体路线的差别，可更精确地指导掘进方式，实现施工中方案修正、机械设备使用过程中的低碳。

9.6　盾构区间 BIM 编码研究

地铁工程项目投融资管理作为新的项目管理模式，其信息化管理必须建立在全面科学的工程系统分析基础上，而工程项目的系统分析就是分析工程系统的结构及其特征，并在工程系统分解的基础上做工程项目结构分解，继而将工程项目分解成果作为项目进度计划、成本控制和建造运营的基础。

地铁工程系统具有可分解性，按照现场生产管理对地铁工程项目产品的划分标准和传统习惯，以单位工程、分部工程、分项工程为基准，建立统一的、通用性的 EBS 分解标准，在此基础上继续进行 WBS 分解，实现了项目生产基础管理信息分类储存，将显著提升项目管理的效率和项目信息的实时性，真正实现项目管理信息库数据关联、信息共享，帮助企业积累自身需要的各类工程项目信息的实时性经验数据，指导今后类似工程的实施，也为企业持续积累历史数据提供平台，使设计和施工单位的信息互通更为准确、有序。在低碳理念下，运用 BIM 的编码功能，可大量降低工程管理的人工和时间成本，提高地铁工程的低碳减排能力。案例的具体分解构架如图 9-28 所示。

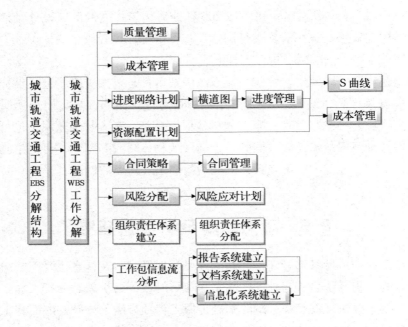

图 9-28　BIM 模型分解架构

9.6.1　盾构隧道工点编码

　　参考铁路工程系统分解结构(EBS)编码规范,构件的编号采用30位,如表9-5所示,前9位表示项目编码,第10～13 位为专业代码、第14、15 位为部位类别号,第16、17 位是部位标识位, 一般为 00,当同一里程部位有多个时,部位标识位面向大里程从左到右依次是 01、02、…,第 18、19、20、21 位为部位顺序号。第 22、23、24、25 位为构件类别号,第 26 位为标识位,若构件不分左右则为 0,若分左右, 面向大里程方向从左到右依次为 1、2、…,第 27、28、29、30 位为构件顺序号。

　　此盾构隧道项目编码均为"SJZDT2101",其中"SJZDT"表示"石家庄地铁","2"表示"2号线","1"表示"一期","01"表示"一标"。工程实体编码格式说明见表9-6。

表 9-6　工程实体编码格式说明

1	2	3	4	5	6	7	8	9	10	11	12	13
项目编码									专业代码			
14		15		16	17	18	19	20	21			
部位类别号				部位标识位		部位顺序号						
22	23		24	25	26	27	28	29	30			
构件类别号				标识位		构件顺序号						

9.6.2　盾构段管片环编码

9.6.2.1　工点编码

盾构段隧道以塔谈站至石家庄站盾构区间为例,工点编码为 SJZDT21010001;工点编码格式说明见表 9-6。

表 9-6　工点编码格式说明

1	2	3	4	5	6	7	8	9	10	11	12	13
项目编码									专业代码			
C		J		0		0	0	0	0	0	0	1
衬砌				部位（不分左右）			管片环号					
0		3	0	4	0		0		0	0		1
管片代码				管片块顺序号								

9.6.2.2　管片环编码

格式:工点编码—衬砌类型-部位（不分左右）—管片顺序号—管片代码。

示例:SJZDT21010001CJ0000010304。

9.6.2.3　管片块编码

格式:工点编码—衬砌类型—部位（左、右、不分左右）—管片流水号—

管片代码—构件部位—管片块流水号。

示例：SJZDT21010001CJ0000010304000001。

9.6.3 盾构隧道风险源编码

首先是对风险源进行编码。比如，"南二环高架桥"的风险源 EBS/WBS 编码为"SJZDT21020102CSQL001"，其中风险源 EBS 编码格式说明参见表 9-8，风险源类型后的编号是指同工点、同风险类型下按里程由小到大方向的排序序号，风险源类型编码格式说明如表 9-9 所示。

表 9-8 风险源 EBS 编码格式说明

1	2	3	4	5	6	7	8	9	10	11	12	13
项目编码									专业编码			
14	15	16		17		18	19	20				
风险源类型编码						编号			—			

表 9-9 风险源类型编码格式说明

风险源类型编码	风险源类型名称	说明
CSDL	城市道路	城市主干道
CSQL	城市桥梁	城市内高架桥
SNTL	市内铁路	城市内既有铁路
SZGX	市政管线	水管、电力管线等
ZBHJ	周边环境	建筑物等

9.6.4 安全监测编码

在盾构区间施工期间，应周期性对周边环境尤其是高架桥梁进行观测，及时发现隐患，并根据监测成果相应地及时调整施工速率及采取相应的措施，确保高架桥梁、道路、市政管线及建筑物的正常使用。为了将监测数据采集接入 BIM 平台系统，测点需要全部进行编码，编码格式说明见表 9-10、表 9-11。

表9-10 监测类型编码格式说明

监测类型	编码	监测类型	编码
地表沉降	DB	墩身水平位移	DSS
墩身沉降	DSDB	—	—

表9-10 测点编码格式说明

1	2	3	4	5	6	7	8	9	10	11	12	13
项目编码									专业编码			

14	15	16	17
监测类型	测组顺序号	测点类别	测点顺序号

测组（点）编码格式：工点编码—监测类别—测组顺序号—测点顺序号。

示例：见表9-12。

表9-12 测组（点）编码示例

测组编码	测组名称／测组里程	系统测点编码
SJZDT21010102DB001	DK16+316	SJZDT21010102DB001001 SJZDT21010102DB001002
SJZDT21010102DB002	DK16+322	SJZDT21010102DB002001 SJZDT21010102DB002002
SJZDT21010102DB003	DK16+334	SJZDT21010102DB003001 SJZDT21010102DB003002

9.7 BIM+U3D 同步注浆量统计与分析

9.7.1 注浆材料及配比设计

9.7.1.1 注浆材料

案例采用水泥砂浆作为同步注浆材料，该浆材具有结石率高、结石体强度高、耐久性好和能防止地下水浸析的特点。水泥采用 P·O 42.5 水泥，以提高注浆结石体的耐腐蚀性，使管片处在耐腐蚀注浆结石体的包裹内，减弱地下水对管片混凝土的腐蚀。

9.7.1.2 浆液配比及主要物理力学指标

在施工中，同步注浆浆液配比根据地层条件、地下水情况及周边条件等，通过现场试验优化确定。同步注浆浆液配比应满足表 9-13 的要求。

表 9-13 同步注浆浆液配比表

组别	水泥 / kg	粉煤灰 /kg	膨润土 / kg	砂 /kg	水 /kg	外加剂
1	180	371	35	780	400	按需要根据试验加入

同步注浆浆液的主要物理力学指标介绍如下。

①胶凝时间：一般为 5 ~ 6h，根据地层条件和掘进速度，通过现场试验加入促凝剂及变更配比来调整胶凝时间。对于强透水地层和需要注浆提供较高的早期强度的地段，可通过现场试验进一步调整配比和加入早强剂，进一步缩短胶凝时间。

②固结体强度：R7 ≥ 0.1MPa，R28 ≥ 0.5MPa。

③浆液结石率：> 95%，即固结收缩率 < 5%。

④浆液稠度：10 ~ 11cm。

⑤泌水率：< 2.5mL。

9.7.2　同步注浆主要技术参数

1. 注浆压力

为保证达到对环向空隙的有效充填，同时又能确保管片结构不因注浆产生变形和损坏，根据设计要求，注浆压力取值为 0.2 ～ 0.3MPa。

2. 注浆量

根据经验公式计算，注浆量取环形间隙理论体积的 1.3 ～ 2.0 倍，则每环（1.2m）注浆量 Q=2.3 ～ 3.5m³。

3. 注浆速度

同步注浆速度应与掘进速度相匹配，按盾构完成一环 1.2m 掘进的时间内完成当环注浆量来确定其平均注浆速度。

4. 注浆结束标准

采用注浆压力指标控制标准，即当注浆压力达到设定值时，即可认为达到了质量要求。

9.7.3　同步注浆工艺与设备

9.7.3.1　同步注浆方法与工艺

注浆与盾构掘进同时进行，通过同步注浆系统及盾尾的内置注浆管，在盾构向前推进盾尾空隙形成的同时，采用双泵四管路（四注入点）对称注浆（见图 9-29）。注浆可根据需要采用自动控制或手动控制方式，自动控制方式即预先设定注浆压力，由控制程序自动调整注浆速度，当注浆压力达到设定值时，自行停止注浆。手动控制方式则由人工根据掘进情况随时调整注浆流量、速度、压力。同步注浆工艺流程如图 9-30 所示。

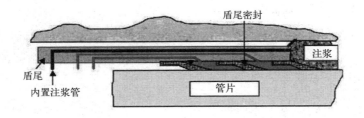

图 9-29　同步注浆示意图

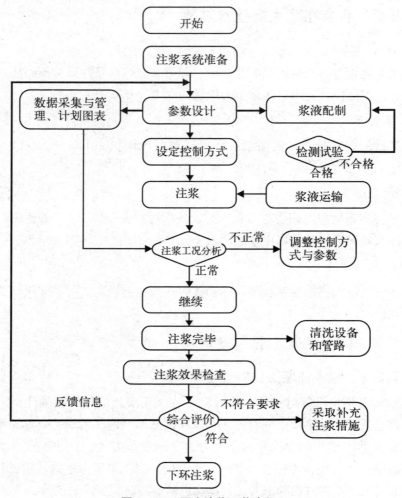

图 9-30 同步注浆工艺流程

9.7.3.2 设备配置

同步注浆砂浆采用商品砂浆。同步注浆系统：配备 SWING KSP12 液压注浆泵 1 台（盾构机上已配置），注浆能力为 $2 \times 12 \text{m}^3/\text{h}$，8 个盾尾注入管口（其中 4 个备用）及其配套管路。

9.7.4 注浆效果检查

①注浆效果检查主要采用分析法，即根据注浆压力—注浆量—时间（P-Q-t）曲线，结合掘进速度及衬砌、地表与周围建筑物变形量测结果进行综合分

析判断。

②必要时采用无损探测法进行效果检查。

③浆液运输。拌浆站设在施工场地内南端头，由搅拌站将浆液搅拌好以后存放在顶板上的临时储浆罐中搅拌等待，再通过管道运输进入运浆罐内，然后由电瓶车运至前方台车上的储浆罐内，通过设在台车上的注浆泵，由盾构尾部 4 根同步注浆管注入空隙。浆液运输工艺如图 9-31 所示。

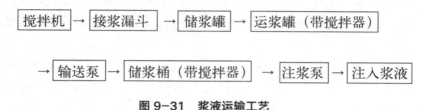

图 9-31　浆液运输工艺

④注浆顺序。隧道管片安装好后，由于隧道底部有积水，为防止管片上浮及偏移，因此采用先顶部后两侧，最后底部的注浆顺序。

盾构机穿越后考虑到环境保护和隧道稳定因素，通过监测地面沉降及隧道变形情况，若沉降和变形接近控制预警值，则说明同步注浆有不足的地方，通过管片中部的注浆孔进行二次补注浆，补充一次注浆未填充部分和体积减少部分，从而减少盾构机过后土体的后期沉降，减轻隧道的防水压力。同时对盾构推力导致的，在管片、注浆材料、围岩之间产生的剥离状态进行填充并使其一体化，提高止水效果。

⑤同步注浆质量保证措施。同步注浆质量保证措施主要包括以下几点。

a. 在开工前制定详细的注浆作业指导书，并进行详细的浆材配比试验，选定合适的注浆材料及浆液配比。

b. 制定详细的注浆施工设计和工艺流程及注浆质量控制程序，严格按要求实施注浆、检查、记录、分析，及时做出 $P-Q-t$ 曲线，分析注浆速度与掘进速度的关系，评价注浆效果，反馈指导下次注浆。

c. 成立专业注浆作业组，由富有经验的注浆工程师负责现场注浆技术和管理工作。

d. 根据洞内管片衬砌变形和地面及周围建筑物变形监测结果，及时进行信息反馈，修正注浆参数和施工工艺，发现情况及时解决。

e. 做好注浆设备的维修保养，注浆材料供应，定时对注浆管路及设备进行清洗，保证注浆作业顺利连续不中断进行。

f. 环形间隙充填不够、结构与地层变形不能得到有效控制或变形危及地面建筑物安全时，或存在地下水渗漏区段，在必要时通过吊装孔对管片背后进行补充注浆。

9.7.5 二次补强注浆

二次补强注浆一般在管片与土体间的空隙充填密实性差，致使地表沉降得不到有效控制或管片衬砌出现较严重渗漏的情况下实施。施工时根据地表沉降监测反馈信息，结合其他手段探测管片衬砌背后有无空洞的方法，综合判断是否需要进行二次注浆。

二次注浆采用双液浆作为注浆材料，能对同步注浆起到进一步补充和加强作用，同时也能对管片周围的地层起到充填和加固作用，双液浆浆液初步配比表、浆液性能指标表分别见表 9—13、表 9—14。

表 9—13　双液浆浆液初步配比表

浆液名称	水玻璃	水泥	稳定剂	减水剂	A、B 液混合体积比
双浆液	35° Bé	350kg	1.0	0	1：1

注：°Bé 为波美度。

表 9—14　浆液性能指标表

注浆方式	稠度 /cm	比重 /(g/cm3)	结石率 /%	凝胶时间 /h	1 天抗压强度 /MPa	28 天抗压强度 /MPa
二次注浆	12.5 ～ 13.0	1.43 ～ 1.55	＞ 97	＜ 4	＞ 0.3	＞ 4.5

补强注浆采用自备的 KBY—50/70 双液注浆泵。

二次补强注浆管及孔口管自制，其加工应具有与管片吊装孔的配套能力，能够实现快速接卸以及密封不漏浆的功能，并配备泄浆阀。

1. 注浆压力

二次注浆时要求在地层中的浆液压力大于该点的静止水压力及土压力之和，做到尽量填补同时又不产生劈裂。注浆压力过大，管片周围土层将会被浆液扰动而造成后期地层沉降及隧道本身的沉降，并易造成跑浆；而注浆压力过小，浆液填充速度过慢，填充不充足，会使地表变形增大，通常同步注浆压力一般为1.1 ～ 1.2 倍的静止土压力，二次注浆压力为 0.3 ～ 0.5MPa。

注：水泥采用 P·O 42.5 水泥。

2．浆量

二次补强注浆量根据地质情况及注浆记录情况，分析注浆效果，结合监测情况，由注浆压力控制。

3．注浆速度及时间

根据盾构机推进速度，在管片脱出盾尾 5 环之后根据地面监测情况选择进行二次补强注浆。

4．注浆顺序

补强注浆应先压注可能存在较大空隙的一侧。

5．注浆结束标准

采用注浆压力和注浆量双指标控制标准，即当注浆压力达到设定值时，即可认为达到了质量要求。

补强注浆一般情况下则以压力控制，达到设计注浆压力则结束注浆，视注浆效果可再次进行注浆。

9.7.6　注浆量统计分析

Unity3D 平台加入盾构机管片每一环的注浆量数据统计。通过对注浆量进行采集，生成注浆量曲线图，不同地质阶段，不同施工工艺，不同的危险源处的注浆量不同，在曲线中明确进行了分析与统计。

使用 BIM 技术可以与实际注浆施工实现同步，并做出详细统计，利于施工过程中和过程后的注浆量调整与汇总，是一种施工智能管理的体现，更为后期成本核算、碳排量计算提供了便捷途径。

第 10 章　基于 BIM 的碳排放设计平台研究

由上述几章内容可以看出，BIM 技术能够在建筑全生命周期的几乎每个阶段都能实现低碳设计。本章主要关注两个阶段：设计阶段和施工阶段。

在设计阶段方案比选中，BIM 在介入选择时，除了要考虑各方的利益需求和工程实现条件外，还需要再加上一个考虑维度即低碳设计。在这一低碳维度中，既需要考虑设计方案中的材料全生命周期碳排放量，同时又需要顾及施工过程中的施工工艺、环境条件、材料供应条件、机械设备使用情况、运输状况等。在施工阶段，需要考虑施工过程中的生活、机械使用、运输、材料使用等方面的水、电、燃料的碳排放量。

另外，BIM 针对建筑材料应建立完整的跟踪路径，从始至终地统计其完整的碳排放量情况，以弥补目前对其研究的缺失。

同时，BIM 设计平台也应将设计中的每项碳排放量情况与实际施工中的碳排放量进行对比，以加强设计过程的精确性。利用 BIM 平台按照建筑形式、地区等条件建立完整的碳排放量数据库，为后续相关类似项目提供碳排放量数据支持和参考，也是项目评价的另一种参照尺度。

设计阶段和施工阶段具体的材料碳排放量估算路径分别如图 10-1、图 10-2 所示。

图 10-1　设计阶段材料碳排放量估算路径

图 10-1 显示了设计阶段应当考虑的碳排放量路径，也是 BIM 平台可以考虑设计的板块。根据设计中所涉及的材料，追溯原料及产品的碳排放量痕迹，并进行统计计算。计算的依据是项目所在地区的燃料、水、点等平均统计数据，所得结果可作为设计比选的新增评估维度。

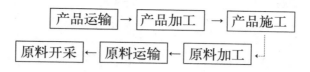

图 10-2　施工材料碳排放量估算路径

图 10-2 显示了施工阶段实际的碳排放量路径，也是 BIM 平台需要设计的模块。施工中的碳排量统计计算是实际发生的，通过施工单位在施工的每个环节所消耗的能源，上传至 BIM 平台以建立详细的数据信息库。同时，平台还需要囊括上游材料生产厂家的信息，进行原料阶段的信息采纳，从而完善数据库。这一操作使得 BIM 平台可以延伸至建筑工程的更上游，与建筑材料的供应方建立链接。

BIM 平台最终需要将设计方案中统计的碳排量与实际施工环节进行逐项对比分析。目的是对后续类似工程的设计提供参照，以在碳排量这一维度控制设计，同时还可建立施工环节及上游供应企业的节能减排标准，将其发展为国家建筑行业的"碳"监督机制。

由于目前我国对预制建筑的大力倡导，BIM 平台中应更加关注预制构件的碳痕迹追寻。预制建筑的碳统计路径如图 10-3 所示。

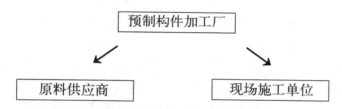

图 10-3　预制构件的碳设计路径

图 10-3 显示了在 BIM 平台中应链接的三个参与方：原料供应商、预制构件加工厂、现场施工单位。碳标记的路径由预制构件加工厂开始，以单个预制构件为目标对象。首先统计单个预制构件的具体材料用量，计算其在加工阶段所消耗的各种资源。然后分两个方向分别计算：原料供应商方向，与图 10-1、图 10-2展示的一样，涉及预制构件的原料运输及加工等方面；现场施工单位方向，以预制构件为单位，围绕其统计施工过程中使用的材料用量、机械设备耗电耗水量、构件运输过程燃料损耗量等。同时，预制构件生产厂家需要对每个出厂构件进行识别码标记，从而查询到构件原料供应商、生产商、施工方、构件标准、原料使用情况等各项信息。此种以 BIM 为基础的碳排量跟踪方法可以真正实现构件从"摇篮"到"坟墓"的统计，数据则更加可信科学。

参 考 文 献

[1] Intergovernmental Panel on Climate Change (IPCC). Climate change 2001: mitigation, contribution of working group III to the third assessment report of the Intergovernmental Panel on Climate Change [R]. United State of America: Cambridge University Press, 2001.

[2] Karlsson J F, Moshfegh B. Energy demand and indoor climate in a low energy building—changed control strategies and boundary conditions [J]. Energy and Buildings, 2006, 38 (4): 315—326.

[3] Karlsson J F, Moshfegh B. A comprehensive investigation of a low—energy building in Sweden[J]. Renewable Energy, 2007, 32(11): 1830—1841.

[4] Brown A I, Hammond G P, Jones C I, et al. Greening the UK building stock: Historic trends and low carbon futures 1970—2050[J]. Transactions of the Canadian Society for Mechanical Engineering, 2009, 33 (1): 89—104.

[5] Fidar A, Memon F A, Butler D. Environmental implications of water efficient microcomponents in residential buildings [J]. Science of the Total Environment, 2010, 408 (23): 5828—5835.

[6] Sham F C, Lo T Y, Lum H T. Appraisal of alternative building materials for reduction of CO_2 emissions by case modeling [J]. International Journal of Environmental Research, 2011, 5 (1): 93—100.

[7] Rovnanik P, Teply B, Rovnanikova P. Concrete mix and environmental load in the context of durability and reliability, CESB07 Prague [C] // Proceedings International Conference

'Central Europe towards Sustainable Building', Rotterdam Netherlands: In-House Publishing, 2007: 772-778.

[8] Flower D J M, Sanjayan J G. Green house gas emissions due to concrete manufacture [J]. The International Journal of Life Cycle Assessment, 2007, 12 (5): 282-288.

[9] Gustavsson L, Sathre R. Variability in energy and carbon dioxide balances of wood and concrete building materials [J]. Building and Environment, 2006, 41 (7): 940-951.

[10] Buchanan A H, Honey B G. Energy and carbon dioxide implications of building construction [J]. Energy and Buildings, 1994, 20 (3): 205-217.

[11] Pooliyadda S P, Dias W P S. The significance of embedded energy for buildings in a tropical country [J]. Structural Engineer, 2005, 83 (31): 34-36.

[12] Dimoudia A, Tompa C. Energy and environmental indicators related to construction of office buildings [J]. Resources, Conservation and Recycling, 2008, 53 (1-2): 86-95.

[13] Venkatarama Reddy B V, Jagadish K S. Embodied energy of common and alternative building materials and technologies [J]. Energy and Buildings, 2003, 35 (2): 129-137.

[14] Yan H, Shen Q, Fan L C H, et al. Greenhouse gas emissions in building construction: A case study of One Peking in Hong Kong [J]. Building and Environment, 2010, 45 (4): 949-955.

[15] Thormark C. A low energy building in a life cycle—its embodied energy, energy need for operation and recycling potential [J]. Building and Environment, 2002, 37 (4): 429-435.

[16] Gorgolewski M. The implication of reuse and recycling for the design of steel buildings [J]. Canadian Journal of Civil Engineering, 2006, 33 (4): 489-496.

[17] Li Y. Recycling of steel slag for energy saving and its application in high performance conctete [C] // Wuhan, 2009 Asia-Pacific Power and Energy Engineering Conference, 2009.

[18] Chong W K, Hermreck C. Modeling the use of transportation energy for recycling construction steel [J]. Clean Technologies and Environmental Policy, 2011, 13 (2): 317—330.

[19] Liang L. The selection of the steel bar for the reinforce concrete structure [J]. Information Technology & Construction and Engineering, 2007, 35: 313—319.

[20] 尹秀琴，李惠强，薄海涛，等. 钢筋混凝土结构内含环境影响负荷及经济性分析 [J]. 华中科技大学学报（城市科学版），2010，27（1）：13—16.

[21] González M J, Navarro J G. Assessment of the decrease of CO_2 emissions in the construction field through the selection of materials: Practical case study of three houses of low environmental impact [J]. Building and Environment, 2006，41 (7): 902—909.

[22] 唐亚琳. 广州轨道交通4号线高架站建筑围护系统节能设计 [J]. 建筑节能，2009，37（222）：8—12.

[23] 彭石. 城市轨道交通的节能低碳发展 [J]. 建筑工程技术与设计，2017（23）：5270.

[24] 周丹. 轨道交通车站能耗采集及节能控制系统设计 [J]. 电子世界，2015（13）：82—83.

[25] 陈进杰，高桂凤，王兴举，等. 城市轨道交通全寿命周期能耗计算方法 [J]. 交通运输工程学报，2014，14（4）：89—97.

[26] Fava J A, Denison R, Jones B, et al. A technical framework for life cycle assessments [C] // The Society of Environmental Toxicology and Chemistry, Pensacola Florida USA, 1993.

[27] Gustavsson L, Joelsson A, Sathre R. Life cycle primary energy use and carbon emission of an eight-storey wood-framed apartment building [J]. Energy and Buildings, 2010，42（2）：230—242.

[28] Bribián I Z, Usón A A, Scarpellini S. Life cycle assessment in buildings: State-of-the-art and simplified LCA methodology

as a complement for building certification [J]．Building and Environment，2009，44（12）：2510-2520．

[29] Ding G K C．Sustainable construction-the role of environmental assessment tools [J]．Journal of Environmental Management，2008，86（3）：451-464．

[30] 朱勤，彭希哲，陆志明，等．1980—2007 年中国居民生活用能碳排放测算与分析 [J]．安全与环境学报，2010，10（2）：72-76．

[31] 赵平，同继锋，马眷荣．建筑材料环境负荷指标及评价体系的研究 [J]．中国建材科技，2004（6）：1-7．

[32] 饶坤普，钱觉时．建筑物物化能在我国建筑节能工作中的地位 [J]．新型建筑材料，2006（11）：38-40．

[33] Adalbert K．Energy use during the life cycle of single-unit dwellings: examples [J]．Building and Environment，1997，32（4）：321-329．

[34] Cole R J．Energy and greenhouse gas emissions associated with the construction of alternative structural systems [J]．Building and Environment，1998，34（3）：335-348．

[35] Harris D J．A quantitative approach to the assessment of the environmental impact of building materials [J]．Building and Environment，1999，34（6）：751-758．

[36] Chen T Y，Burrnett J，Chau C K．Analysis of embodied energy in the residential building of Hong Kong[J]．Energy，2001，26(4)：323-340．

[37] 万振华，郭艳红，李升才．基于全生命周期的建筑节能措施探讨 [J]．嘉应学院学报（自然科学），2009，27（6）：56-59．

[38] 龚志起．建筑材料生命周期中物化环境状况的定量评价研究 [D]．北京：清华大学，2004．

[39] 刘猛，姚润明．建筑生命周期环境影响分析通用模型及应用 [J]．土木建筑与环境工程，2009，31（3）：114-118．

[40] 黄志甲．建筑物能量系统生命周期评价模型与案例研究 [D]．上海：同济大学，2003．

[41] 汪静．中国城市住区生命周期 CO_2 排放量计算与分析 [D]．北京：清华

大学，2009.

[42] Hong W K，Kim J M，Park S C，et al．A new apartment construction technology with effective CO_2 emission reduction capabilities [J]．Energy，2010，35（6）：2639-2646.

[43] 仲平．建筑生命周期能源消耗及其环境影响研究 [D]．成都：四川大学，2005.

[44] Liu M，Zhan X，Qian F．Calculation model for energy carbon emission of building material transportation [C] // 2010 International Conference on E-Product E-Service and E-Entertainment （ICEEE 2010），Henan China，2010.

[45] Hu W，Fu M．Assessment of carbon dioxide emissions based on construction project life cycle，consumer electronics，communications and networks （CECNet） [C] // 2011 International Conference on Consumer，Xianning，2011.

[46] Yu D，Tan H，Ruan Y．A future bamboo-structure residential building prototype in China：life cycle assessment of energy use and carbon emission [J]．Energy and Buildings，2011，43（10）：2638-2646.

[47] 谭泽先．建筑结构含钢量研究 [J]．建筑科学，2007，23（9）：44-47.

[48] 李兆坚．可再生材料生命周期能耗算法研究 [J]．应用基础与工程科学学报，2006，14（1）：50-58.

[49] Russell H G．Why use high-performance concrete [J]．Concrete Product，1999：121-122.

[50] Sahoo，Kumar S，Indubhusan J．Study of cost effectiveness in design of structures with high performance concrete，M．S．thesis [C] // Department of civil engineering national institute of technology Rourkela India，2008.

[51] Moreno J．High-performance concrete：economic considerations[J]．Concrete International，1998，20（3）：68-70.

[52] 杜滨．浅谈结构工程造价控制 [J]．建设科技，2012（4）：80-81.

[53] 陈肇元. 高强混凝土在建筑工程中的应用 [J] . 建筑结构, 1994 (9)：3–12.

[54] 陈传荣. 多高层住宅钢筋混凝土结构控制含钢量的措施 [D] . 广州：华南理工大学, 2010.

[55] 赵亮. 配置不同强度等级钢筋的混凝土框架结构非线性动力反应分析[D] . 重庆：重庆大学, 2009.

[56] 庞翠娟. 水泥工业碳排放影响因素分析及数学建模 [D] . 广州：华南理工大学, 2012.

[57] Efthymiou E. On the sustainable character of structural aluminum [J] . Pollack Periodica, 2008, 3 (1)：91–100.

[58] 赵春斌. 冷轧带肋钢筋在工程中的应用 [J] . 山西建筑, 2002, 28 (12)：91–92.

[59] 张炳, 侯昶华. 土建结构优化设计 [M] . 上海：同济大学出版社, 1998.

[60] 郭鹏飞, 韩英仕. 结构优化设计 [M] . 沈阳：东北大学出版社, 1995.

[61] 李芳, 凌道盛. 工程结构优化设计发展综述 [J] . 工程设计学报, 2002, 9 (5)：229–234.

[62] 吴剑国, 曹骥, 龚铭, 等. 改进的离散复合形法与门式刚架结构优化设计 [J] . 同济大学学报, 2002, 30 (2)：164–168.

[63] 郭鹏飞, 韩英仕, 魏英姿. 混合离散变量结构优化的遗传算法 [J] . 辽宁工学学报, 1997, 17 (3)：1–4.

[64] 孙树立, 袁明武. 一种高层混凝土建筑结构的优化设计方法 [J] . 工程力学（增刊）, 1996, 1：558–567.

[65] Lim H S, Kim Y W, Koo M H, et al. Two–stage design process of a frame–panel land vehicle structure employing topology and cross section optimization [J] . Journal of Mechanical Science and Technology, 2010, 24 (10)：1963–1967.

[66] Kravanja S, Z˘ula T. Cost optimization of industrial steel building structures [J] . Advances in Engineering Software, 2010, 41 (3)：442–450.

[67] Baker W F, Novak L C, Sinn R C, et al. Structural optimization

of 2000' Tall 7 South Dearborn building [J]. Advanced Technology in Structural Engineering, 2000, 25 (3): 1-8.

[68] Gil-Martín L M, Aschheim M.Hernández-Montes E, et al.Recent developments in optimal reinforcement of RC beam and column sections [J]. Engineering Structures, 2011, 33 (4): 1170-1180.

[69] Kargahi M, Anderson J C, Dessouky M M. Structural optimization with Tabu Search [C] // Earth and Space 2006-Proceedings of the 10th Biennial International Conference on Engineering, Construction, and Operations in Challenging Environments. Houston American, 2006.

[70] Pourzeynali S, Zarif M. Multi-objective optimization of seismically isolated high-rise building structures using genetic algorithms [J]. Journal of Sound and Vibration, 2008, 311 (3-5): 1141-1160.

[71] Grandhi R V, Wang L. Reliability-based structural optimization using improved two-point adaptive nonlinear approximations [J]. Finite Elements in Analysis and Design, 1998, 29 (1): 35-48.

[72] Bruyneel M, Duysinx P, Fleury C. A family of MMA approximations for structural optimization [J]. Structural and Multidiscipline Optimization, 2002, 24 (4): 263-276.

[73] Wang W, Zmeureanu R, Rivard H. Applying multi-objective genetic algorithms in green building design optimization [J]. Building and Environment, 2005, 40 (11): 1512-1525.

[74] Chu D N, Xie Y M, Hira A, et al. On various aspects of evolutionary structural optimization for problems with stiffness constraints [J]. Finite Elements in Analysis and Design, 1997, 24 (4): 197-212.

[75] 周敬宜. 环境与可持续发展 [M]. 武汉：华中科技大学出版社, 2007.

[76] 沈又幸, 刘琳, 曾鸣. 风电社会效益的评价模型及其应用研究 [J]. 华东电力, 2009, 37 (5): 0852-0855.

[77] 陈建. 可持续发展观下的建筑寿命研究 [D]. 天津：天津大学, 2007.

[78] 钱令希. 工程结构优化设计 [M]. 北京：水利水电出版社, 1983.

[79] 程耿东. 工程结构优化设计基础 [M]. 北京：水利水电出版社，1984.

[80] Bendse M P, Sigmund O. Topology optimization-Theory, Methods and Applications [M]. New York： Springer-Verlag Berlin Heidelberg， 2003.

[81] Arora J S. Introduction to optimum design [M] .second edition. Leiden： Elsevier Academic Press， 2004.

[82] Chang T Y P, Liang J, Chan C M. An integrated system of computer aided design for tall building [C] // Proceedings of the Seventh International Conference of Computing in Civil and Building Engineering， Seoul Korea， 1997.

[83] 吕颖，赵永彪. 多层框架结构设计 [J]. 辽宁建材，2005（5）：61.

[84] 李传才，向贤华，张欣. 混凝土结构单向板与双向板区分界限的研究 [J]. 土木工程学报，2006，39（3）：23-33.

[85] 王建成，孙义刚，刘付祥，等. 钢筋混凝土双向板简化设计方法的合理性探讨 [J]. 南华大学学报（自然科学版），2005，19（2）：111-113.

[86] 万国才. 板中分布钢筋用量问题的探讨 [J]. 河港工程，1995（1）：1-4.

[87] 吴云华. 截面设计的几种解法：略谈单筋矩形截面梁正截面承载力计算 [J]. 长春理工大学学报，2007，2（2）：137-138.

[88] 卞正军. 单筋矩形截面梁正截面承载力的近似计算 [J]. 工程结构，2004，24（6）：107-109.

[89] 沈蒲生. 混凝土结构设计原理 [M]. 北京：高等教育出版社，2005.

[90] 张庆芳，孟庆峰. 对称配筋偏心受压柱判断大小偏心的分歧与解决 [J]. 建筑结构，2009，39（2）：41-42.

[91] 王依群，梁发强. 任意形状截面双向偏心受拉构件大小偏心的判别 [J]. 工程抗震与加固改造，2006，28（6）：78-80.

[92] 张英峰，张英义. 钢筋混凝土结构大偏心受压构件截面设计理论中的几个问题 [J]. 吉林水利，2008（9）：20-21.

[93] 王建伟，薛建荣. 大偏心受压柱对称与非对称配筋的钢筋用量对比 [J]. 河南科技大学学报（自然科学版），2006，27（5）：58-71.

[94] 童岳生，童燕华．钢筋混凝土小偏心受压构件计算新法：混凝土抗压强度变值法 [J]．建筑结构学报，1996，17（4）：20—26.

[95] 刘保柱，苏彦华，张宏林．MATLAB7.0 从入门到精通 [M]．北京：人民邮电出版社，2010.

[96] 卓金武，魏永生，秦健，等．MATLAB 在数学建模中的应用 [M]．北京：北京航空航天大学出版社，2011.

[97] 刘焕进，王辉，李鹏，等．MATLAB N 个实用技巧：MATLAB 中文论坛精华总结 [M]．北京：北京航空航天大学出版社，2011.

[98] 王彦杰，杨之俊，高卫刚，等．邯钢 100t 转炉提高煤气回收效率研究与实践 [J]，中国冶金，2009，19（6）：36—39.

[99] 高莹．唐钢转炉煤气回收系统研究与改进 [J]，冶金能源，2010，29（1）：20—21.

[100] Djevic M, Dimitrijevic A. Energy consumption for different greenhouse constructions [J]. Energy, 2009, 34（9）：1325—1331.

[101] 陆铁坚，余志武．高层框架在基础随机位移下的随机振动反应分析 [J]．工程抗震，2003（2）：22—27.

[102] 戴君．随机参数结构在随机荷载激励下的动力响应分析 [J]．工程力学，2002，19（3）：64—68.

[103] 陆铁坚，李芳，余志武．高层框架在随机水平荷载下的随机反应分析 [J]．铁道科学与工程学报，2004，1（2）：92—95.

[104] 李少泉．多高层框架在水平荷载下的近似计算[J]．工业建筑，2000，30（6）：42—45.

[105] 李汝庚，李婷．任意水平荷载作用下对称单跨框架和双肢剪力墙的两种解法 [J]．工业建筑，1999，29（11）：19—23.

[106] 蒋祖荫．水平荷载作用下多层框架的简化计算 [J]．浙江大学学报，1985，2（19）：92—106.

[107] 翟长海，谢礼立．抗震规范应用强度折减系数的现状及分析 [J]．地震工程与工程振动，2006，26（2）：1—7.

[108] 申建红，洪文霞．RC 框架截面尺寸确定及配筋调整 [J]．建筑技术开发，2003，30（6）：6.

[109] 王树茂，梁兴文．地震区框架结构合理梁、柱截面尺寸的合理确定 [J]．

重庆建筑大学学报，1994，16（4）：23—34.

[110] 马晓惠，李怀芳，党起. 地震作用下框架柱合理断面的探讨 [J]. 西北建筑工程学院学报，1994，1：10—16.

[111] 韦锋，杨红，白绍良. 对我国不同烈度区钢筋混凝土抗震框架现行抗震规定的初步验证 [J]. 重庆建筑大学学报，2001，23（6）：1—9.

[112] 肖建庄，李杰. 钢筋混凝土框架柱轴压比限值问题研究 [J]. 世界地震工程，1998，14（4）：17—22.

[113] 许淑芳，姜维山. 关于地震区框架柱轴压比限值的讨论 [J]. 西北建筑科技大学学报，1998，30（2）：123—125.

[114] 肖建庄，朱伯龙. 钢筋混凝土框架柱轴压比限值试验研究 [J]. 建筑结构学报，1998，19（5）：2—7.

[115] Bock, Corporation C. Foundation design against progressive collapse of buildings [C] // ASCE GeoCongress, 2008, 947—954.

[116] Whitlock A, Moosa S. Foundation design considerations for construction on marshlands [J]. Journal of Performance of Constructed Facilities, 1996, 10 (1): 15—22.

[117] 卢寿彭. 斗轮挖掘机的生产率 [J]. 工程机械，1980（7）：19—24.

[118] 邹建平，李雁，朱明，等. 基于 BIM 的城乡建设工程智慧建设平台框架搭建研究 [J]. 中国建设信息化，2020（10）：64—67.

[119] 张涛. 浅析 BIM 技术的发展现状及应用 [J]. 门窗，2021（6）：253—254.

[120] 林志军. 浅析基于 BIM 的建设工程造价控制与管理 [J]. 建材与装饰，2018（12）：34—35.

[121] 张新琛. BIM 的发展对建筑工程造价的价值和意义分析 [J]. 四川水泥，2021（2）：232—233.

[122] 侯智博. 浅谈 BIM 技术在工程造价管理中的应用 [J]. 建材与装饰，2018（3）：217.

[123] 张建平，李丁，林佳瑞，等. BIM 在工程施工中的应用 [J]. 施工技术，2012，33（8）：10—17.

[124] 周春波. BIM 技术在建筑施工中的应用研究 [J]. 青岛理工大学学报，2013，34（1）：51—54.

[125] 葛晶，周世光. 基于 Revit 平台 BIM 工作系统二次开发应用实例 [J]. 建筑技术，2017，48 (12)：1317-1318.

[126] 周晓宏. 基于 BIM 和 RFID 技术的装配式建筑施工过程管理 [J]. 住宅与房地产，2018，34 (21)：179-185.

[127] Choi D Y, Ahn E Y, Kim J W. Understanding and implementation of the digital design modules for HANOK [J]. Multimedia, Computer Graphics and Broadcasting, 2011 (262)：127-134.

[128] Li C Z, Zhong R Y, Xue F, et al. Integrating RFID and BIM technologies for mitigating risks and improving schedule performance of prefabricated house construction [J]. Journal of Cleaner Production, 2017 (165)：1048-1062.

[129] Li X, Shen G Q, Wu P, et al. Integrating building information modeling and prefabrication housing production [J]. Automation in Construction, 2019 (100)：46-60.

[130] Bortolini R, Formoso C T, Viana D D. Site logistics planning and control for engineer-to-order prefabricated building systems using BIM 4D modeling[J]. Automation in Construction, 2019(98)：248-264.

[131] Li X J, Lai J Y, Ma C Y, et al. Using BIM to research carbon footprint during the materialization phase of prefabricated concrete buildings：A China study [J]. Journal of Cleaner Production, 2021 (279)：450-454.

[132] Sanhudo L, Ramos N M M, Martins J P, et al. A framework for in-situ geometric data acquisition using laser scanning for BIM modelling [J]. Journal of Building Engineering, 2020 (28)：73-101.

[133] Pentti V, Tapio H, Pekka K, et al. Extending automation of building construction — Survey on potential sensor technologies and robotic applications[J]. Automation in Construction, 2013(36)：168-178.

[134] Nenad, Danijel R, Matja N, et al. Supply-

chain transparency within industrialized construction projects [J] . Computers in Industry, 2014, 65 (2) : 345—353.

[135] Costa G, Madrazo L. Connecting building component catalogues with BIM models using semantic technologies: an application for precast concrete components [J] . Automation in Construction, 2015 (57) : 239—248.

[136] Kim M K, Wang Q, Park J W, et al. Automated dimensional quality assurance of full—scale precast concrete elements using laser scanning and BIM [J] . Automation in Construction, 2016 (72) : 102—114.

[137] Najjar M, Figueiredo K, Palumbo M, et al. Integration of BIM and LCA: Evaluating the environmental impacts of building materials at an early stage of designing a typical office building[J]. Journal of Building Engineering, 2017 (14) : 115—126.

[138] Natephra W, Motamedi A, Yabuki N, et al. Integrating 4D thermal information with BIM for building envelope thermal performance analysis and thermal comfort evaluation in naturally ventilated environments[J] . Building and Environment, 2017 (124): 194—208.

[139] 王树臣，刘文锋. BIM+GIS 的集成应用与发展 [J] . 工程建设, 2017, 49 (10) : 16—21.

[140] Amirebrahimi S, Rajabifard A, Mendis P, et al. A framework for a microscale flood damage assessment and visualization for a building using BIM GIS integration [J] .International Journal of Digital Earth, 2016, 9 (4) : 363—386.

[141] Reinhart C F, Davila C C. Urban building energy modeling A review of a nascent field [J] . Building and Environment, 2016, 97: 196—202.

[142] Kupriyanovsky V, Sinyagov S, Namiot D, et al. The economic benefits of the combined use of BIM—GIS models in the construction industry. Review of the state of the world [J] .

International Journal of Open Information Technologies, 2016, 4 (5)：14−25.

[143] Danilov A S, Smi, Pashkevieh M A. The system ofthe ecological monitoring of environment which is based on t11e usage of UAV [J]. Russian Journal of Ecology, 2015, 46 (1)：14−19.

[144] Li K, Zhou S, Zou L, et a1. Sequence images automatic capturing and 3D modeling method for large scale scene based on unmanned aerial vehicle [J]. Journal of Northwest University, 2017 (5)：166−172.

[145] 余虹亮. 基于倾斜摄影的城市三维重建方法研究 [D]. 南宁：广西大学, 2016.

[146] 黄骞, 张珥, 汪悦. 基于倾斜摄影的实景三维公路地质灾害识别关键技术研究 [J]. 公路, 2018 (1)：154−157.

[147] 胡银亨. 现代媒体信息技术 [M]. 西安：电子科技大学出版社, 2015.

[148] Du J, Zou Z, Shi Y, et al. Zero latency：Real−time synchronization of BIM data in virtual reality for collaborative decision−making [J]. Automation in Construction, 2018 (85)：51−64.

[149] 李良琨. 基于可持续性的 BIM+VR 技术在住宅建筑方案设计中的应用研究 [D]. 邯郸：河北工程大学, 2020.

[150] Yan W, Culp C, Graf R. Integrating BIM and gaming for real−time interactive architectural visualization [J]. Automation in Construction, 2011, 20 (4)：446−458.

[151] Sampaio A Z. Collaborative maintenance and construction of buildings supported on Virtual Reality technology [C] // Iberian Conference on Information Systems and Technologies (CISTI), 2011.

[152] 邵正达, 宋天任. 基于 BIM 的建筑 VR 交互技术研究与应用 [J]. 土木建筑工程信息技术, 2018, 10 (3)：17−21.

[153] Ha G, Lee H, Lee S, et al. A VR serious game for fire evacuation drill with synchronized tele−collaboration among users [C] // Proceedings of the 22nd ACM Conference on Virtual

Reality Software and Technology, 2016.

[154] Bourhim E, Cherkaoui A. Simulating Pre-evacuation Behavior In a Virtual Fire Environment [C] // 9th International Conference on Computing, Communication and Networking Technologies (ICCCNT), 2018.

[155] 刘基荣. 建筑师的新"利器" [D]. 南京：东南大学，2004.

[156] 袁雪. 虚拟现实技术在现代大学校园设计中的应用研究：以河北工大学新校区方案设计为例 [D]. 邯郸：河北工程大学，2018.

[157] 赵文斌. 虚拟现实技术在建筑设计前期的应用研究 [D]. 长春：吉林建筑大学，2018.

[158] 清华大学软件学院 BIM 课题组. 中国建筑信息模型标准框架研究 [J]. 土木建筑工程信息技术，2010，2 (2)：1-5.

[159] 方圆. 工程建设行业最大软件产业联合体诞生 [J]. 中国新闻出版报，2009 (7)：23.

[160] 廖祺硕. 重庆江跳线轨道交通工程 BIM 技术应用研究 [D]. 重庆：重庆交通大学，2020.

[161] 侯秀芳，梅建萍，左超. 2020 年中国内地城市轨道交通线路概况 [J]. 现代城市轨道交通，2021 (2)：101.

[162] 韩宝明，杨智轩，余怡然，等. 2020 年世界城市轨道交通运营统计与分析综述 [J]. 都市快轨交通，2021，34 (1)：5-11.

[163] 吴命利，温伟刚，李春青. 城市轨道交通概论 [M]. 北京：北京交通大学出版社，2013.

[164] 冯月玥. BIM 技术在工程管理中应用研究 [J]. 国际公关，2019 (12)：190-191.

[165] 臧莉静. 基于 BIM 技术的工程项目管理平台研究 [J]. 中国勘察设计，2019 (7)：80-82.

[166] 张娜. BIM 在建筑全生命周期中的运用与问题研究 [J]. 低碳世界，2017 (13)：120-121.

[167] 李昌涛. 城市轨道交通行业发展现状与趋势 [J]. 交通世界，2019 (19)：8-9.

[168] Zhang S, Hou D, Wang C, et al. Integrating and managing BIM

in 3D web-based GIS for hydraulic and hydropower engineering projects [J] . Automation in Construction, 2020 (112)：1-13.

[169] Sattler L, Lamouri S, Pellerin R, et al. Interoperability aims in building information modeling exchanges：a literature review [J] . IFAC PapersOnLine, 2019, 52 (13)：271-276.

[170] Wu I C, Liu C C. A visual and persuasive energy conservation system based on BIM and IoT technology [J] . Sensors (Basel, Switzerland), 2019, 20 (1)：1-13.

[171] Xu Z, Zhang L, Li H, et al. Combining IFC and 3D tiles to create 3D visualization for building information modeling [J] . Automation in Construction, 2020 (109)：1-16.

[172] Lokshina I V, Gregu M, Thomas W L. Application of integrated building information modeling, IoT and blockchain technologies in system design of a smart building [J] . Procedia Computer Science, 2019 (160)：497-502.

[173] Dong J. Operation mode of smart cities: A comparative study [J] . Ecological Economy, 2018, 14 (3)：190-199.

[174] Zhang J P, Hu Z Z. BIM- and 4D-based integrated solution of analysis and management for conflicts and structural safety problems during construction：1. Principles and methodologies [J] . Automation in Construction, 2010, 20 (2)：155-166.

[175] Kumar H, Singh M K, Gupta M P, et al. Moving towards smart cities: Solutions that lead to the smart city transformation framework [J] .Technological Forecasting & Social Change, 2018：1-16.

[176] 王蓓蓓. BIM 在伦敦轨道交通项目 Crossrail 中的应用 [J] . 工程技术：引文版, 2016 (5)：93-95.

[177] 汪亮亮. BIM 技术在城市轨道交通中的应用 [J] . 消防界（电子版）, 2019, 5 (20)：32.

[178] 张川, 刘纯洁. 城市轨道交通建设现场管理信息系统研究及应用 [J] . 城市轨道交通研究, 2014, 17 (8)：108-111.

[179] 孙超. BIM 技术在城市轨道交通中的应用 [J] . 交通世界, 2019 (25)：

164-167.

[180] 马瑞. BIM 软件在地铁工程中的应用与发展 [J]. 天津建设科技，2015，25（增刊 1）：44-45.

[181] 袁维华，熊自明，褚靖豫，等. 基于 BIM 的南京地铁运营资产管理信息系统 [J]. 现代隧道技术，2019，56（2）：30-39.

[182] 石继斌，杨勇. BIM 技术在城市轨道交通工程的总体性应用 [J]，铁路技术创新，2019（4）：28-37.

[183] 吴冰，邱运军，曾晓超，等. BIM 技术在城市轨道交通工程施工中的应用和研究现代城市轨道交通 [J]. 现代城市轨道交通，2021（增刊）：126-129.

[184] 李树斌，陈文，马宁，等. BIM 技术在城市轨道交通建设管理的综合应用 [J]. 现代城市轨道交通，2021（增刊）：153-157.

[185] 李刚，李明，毛林章，等. 重庆轨道六号线支线二期机电工程 BIM 技术综合应用 [J]. 土木建筑工程信息技术，2021，13（5）：64-72.

[186] 吴学林. BIM 技术在城市轨道交通中的应用研究 [J]. 山西建筑，2021，47（19）：134-136.

[187] Le N D, Zidek J V. Statistical analysis of environmental space-time processes [M]. Springer Science & Business Media, 2006.

[188] 范永法，张健. 预制混凝土碳排放量的估算方法 [J]. 建筑施工，2014，36（5）：600-602.

[189] 戴仕敏，李章林，何国军. 大型通用楔形管片拼装施工技术 [J]. 隧道建设，2006，26（4）：64-67.

[190] 杨栓民. 盾构隧道曲线拟合研究 [J]. 都市快轨交通，2006，19（5）：59-61.

[191] 高春香，朱国力. 盾构施工中管片简易选取的程序实现 [J]. 计算机应用，2004，1（3）：1-3.

[192] 王腾飞，邓朝辉. 盾构法隧道通用楔形环空间线路拟合技术探讨 [J]. 现代隧道技术，2004，1（增刊）：90-93.

[193] 陆雅萍. 盾构管片排版和纠偏管理软件开发 [D]. 上海：上海交通大学，2005.

附　　录

附录 A

A1　Matlab 编译语言

针对第 4 章框架轴网设计相关内容，利用 Matlab 编译计算机语言。首先，定义 n 的具体划分范围，利用循环语句求解板、梁、柱的单位面积钢筋用量。然后构建数值曲线图，具体图形如第 4 章中相关图形所示。Matlab 具体编译语言如下（以横向承重体系的梁为例）：

```
q=input（'输入面荷载='）；
g=input（'输入梁自重='）；
ly=input（'输入框架纵向长度='）；
L=input（'输入框架横向长度='）；
a1=input（'输入混凝土系数='）；
b=input（'输入梁宽='）；
h=input（'输入梁的高度='）；
h0=input（'输入梁的有效高度='）；
gb=input（'输入梁混凝土界限受压高度='）；
a=input（'输入梁的保护层厚度='）；
fy=input（'输入梁的钢筋抗拉强度设计值='）；
fyv=input（'输入梁的箍筋强度设计值='）；
ft=input（'输入混凝土的抗拉强度设计值='）；
fc=input（'输入梁混凝土抗压强度设计值='）；
B1=a1.*fc.*b.*h0.*ly./fy
```

B2=q.*ly^2.*L./（6.*a1.*fc.*b.*h0^2)

B5=1−sqrt（1− g.*ly./（6.*a1.*fc.*b.*h0^2）)

B3=2.*a1.*fc.*b.*h0.*gb.*L./fy

C1=0.22.*（b+h−4.*a）.*ly^2./（fyv.*h0)

C2=q.*L

C4=0.96.*（b+h−4.*a）.*b.*ft.*L./fyv

figure

hold on；

x=8；

m=（x.*B1.*（1−sqrt（1−B2./x）+B5）+B3+C1.*（C2+g.*x）+C4）.*9.4.*7.85./（3188.16.*1000000)

curtptx=x；

curtpty=m；

for x=9: 16   m=(x.*B1.*(1−sqrt(1−B2./x)+B5)+B3+C1.*(C2+g.*x)+C4）.*9.4.*7.85./（3188.16.*1000000)

    newptx=x；

    newpty=m；

    plot（[curtptx newptx]，[curtpty newpty]）；

    curtptx=newptx；

    curtpty=newpty；

    legend（'m'）；

    xlabel（'n'）

    ylabel（'重量（kg/m^2）'）

    set（gca，'Fontname'，'Times New Roman'）；

end

hold off

A2　工程设计参数

在第 4 章中的具体工程案例中，需要取用相应的工程设计参数代入附录 A 中 AI 的 Matlab 编译语言中，这些工程参数如下。

K 的取值，按照最不利情况，四边简支状态计算。每个 n 值对应的 K 的取值见表 A−1 所示。

表 A-1　每个 n 值对应的 K 的取值

n	K
8	0.062
9	0.068
10	0.075
11	0.080
12	0.088
13	0.096
14	0.097
15	0.097
16	0.097

工程总体设计参数见表 A-2。

表 A-2　工程总体设计参数

面荷载：$q' = q_1 + q_2 = 8.2\text{kN} / \text{m}^2$
楼层高度：$H = 3000\text{mm}$
横向长度：$l_y = 6900\text{mm}$
纵向长度：$L = 49200\text{mm}$

工程中板的设计参数见表 A-3。板的混凝土等级为 C25，钢筋强度级别为 HPB235 级。

表 A-3　工程中板的设计参数

$h_s = 130\text{mm}$	$h_{0s} = 115\text{mm}$
$a_s = 15\text{mm}$	$d_s = 14\text{mm}$，按大直径取值
$f_{ys} = 210\text{N} / \text{mm}^2$	$s_s = 100\text{mm}$，箍筋间距取小值
$\gamma_s = 0.697$，$\xi_{sb} = 0.614$	

工程中梁的设计参数见表 A-4。

表 A—4　工程中梁的设计参数

$\alpha_{1b} = 1$	$b_b = 300\text{mm}$
$h_b = 600\text{mm}$	$a_b = 30\text{mm}$
$h_{0b} = 570\text{mm}$	$\xi_{bb} = 0.55$
$f_{cb} = 14.3\text{N}/\text{mm}^2$	$f_{tb} = 1.43\text{N}/\text{mm}^2$
$f_{yb} = 300\text{N}/\text{mm}^2$	$f_{yvb} = 210\text{N}/\text{mm}^2$

工程中柱的设计参数见表 A—5。

表 A—5　工程中柱的设计参数

$\alpha_{1c} = 1$	$\beta_{cc} = 1$
$b_c = 500\text{mm}$	$h_c = 500\text{mm}$
$a_c = 35\text{mm}$	$h_{0c} = 465\text{mm}$
$\xi_{bc} = 0.55$	$\lambda_c = \dfrac{M_c}{V_c h_0} = 2.3$

$$e_c = \eta e_i + \frac{h}{2} - a_c = 1\,386.9\text{mm}, \ \text{其中：} \ \eta = 1 + \frac{1}{1400\dfrac{e_i}{h_0}}(\frac{l_0}{h})^2, \ e_i = \frac{M_c}{N_c} + e_a。$$

$f_{cc} = 14.3\text{N}/\text{mm}^2$	$f_{tc} = 1.43\text{N}/\text{mm}^2$
$f_{yc} = 300\text{N}/\text{mm}^2$	$f_{yvc} = 210\text{N}/\text{mm}^2$

附录 B

B1　施工设备参数

B1.1　日立 ZX200-3（国产）挖掘机

①整机工作质量（t）：20.3；

②铲斗容量（ISO 标准）（m）：0.8；

③动臂长度（mm）：5.68（H 型）；

④斗杆长度（mm）：2.91（H 型）；

⑤运输总长度（mm）：9520；

⑥运输总宽度（mm）：2860；

⑦运输总高度（mm）：3010；

⑧最大挖掘半径（mm）：9920；

⑨最大挖掘深度（mm）：6670；

⑩最大挖掘高度（mm）：10 040；

⑪最大卸载高度（mm）：7180；

⑫耗油量 19 ～ 25L/h。

B1.2　ZL50C 柳工装载机

①行驶速度：34km/h；

②装载量：5t；

③装载机的耗油量：16L/h。

附录 C

C1　地铁建模要求

C1.1　一般规定

C1.1.1　软件标准

应用建模软件以 Autodesk Revit 2018 为核心软件，各参与方根据自身情况可选用其他软件进行辅助。

C1.1.2　模型尺寸单位

模型精度应精确到毫米。标高以米为单位，保留小数点后三位有效位数字，除标高外其余均以毫米为单位。角度采用十进制度数，保留小数点后三位有效位数字。

C1.1.3　坐标系统与标高系统

坐标系统采用石家庄城市的地方坐标系，与规划设计总图保持一致。BIM模型中的高程系统采用相对高程，绝对高程值通过修改项目基点 Z 值，即项目基点中的 Z 值数值与规划设计总图中实际高程值保持一致。

C1.1.4　项目基点设置原则

（1）基准点的设置应选择坐标准确且易于选取的交点，并且在项目开始前设置好，并进行记录，在项目过程中禁止修改位置，保证各专业间的协同工作有效地进行。

（2）车站工程宜选择有效站台长度中心里程与线路右线的交点作为项目基点；区间工程项目基点，可选用与之相连接的车站的项目基点，或结构外轮廓角点，或区间起终点里程与线路主线交点等；车辆段、控制中心及主变电站等其他地上建筑单项工程的项目基点宜选用设计图纸中 1—A 轴线的交点，在设计总图中将平面坐标系的原点定义为单项工程模型文件的项目基点。

（3）同一个项目下的所有专业模型的项目基点需保持一致。

C1.1.5　项目角度设置原则

模型中应设置项目正北方向。通过读取建筑总平面图中选定的项目基点的坐标值和该项目与水平方向的夹角，将坐标与此夹角角度的值输入 Revit 项目基点"到正北的角度"中。

C1.1.6　轴网的设置原则

建筑结构模型、围护结构模型、装修模型及管线设备模型统一采用同一轴网文件，以保证模型整合时能够对齐、对正。轴网设置好后，将轴网进行锁定，以免建模过程中轴网发生偏移；场地环境模型、地下管线模型及交通导行模型对轴网可不做要求。

C1.2　模型拆分原则（可选执行）

由于 Revit 对大模型的承载能力有限，建模过程中可按照子项范围、位置（站厅、站台）、专业、系统、子系统拆分模型（参与方可按自身建模习惯划分），最终将各拆分模型按需求合并，以此提高建模效率。

（1）建筑结构专业：按建筑分区；按施工缝；按楼层。

（2）管线设备专业：按建筑分区；按楼层；按系统、子系统等。

对全线统一设计的专业（如轨道、供电、机电、通信信号、综合监控、导向标识等专业）必须结合土建标段的划分进行拆分，以保证后期能够整合各工点的全专业模型。当层数较多或单体工程范围较大（如车辆段、停车场），模型可按照层高、区域或专业进行划分，单个文件大小尽量不要超过 200MB；当模型长度较长时（如区间隧道与高架桥），模型可按照中间风井划分，里程大小不宜超过 2km；单个工程项目的多个模型文件应有统一的基准点，基于模型样板进行绘制，保持信息的统一。

C1.3　构件剪切原则

在建模过程中，按照表 C-1 的构件剪切规则调整柱、梁、墙、板构件连接顺序。当出现建筑构件时，建筑的构件都被结构构件剪切。基本剪切原则：主受力构件剪切次受力构件。

表 C-1　构件剪切顺序要求

柱	顶梁	柱剪切梁	梁	次梁	主梁剪切次梁
	描述	柱剪切梁		描述	主梁剪切次梁
	地梁			墙	
	描述	柱剪切梁		描述	外墙剪切梁
	除顶梁、地梁和圈梁之外的梁			圈梁	
	描述	柱剪切梁		描述	圈梁剪切柱
	墙			梁	
	描述	柱剪切墙		描述	梁剪切框板
	板		板	墙	
	描述	柱剪切板		描述	墙剪切板

C1.4　模型外观规定

C1.4.1　构件的颜色

对建筑结构、管线颜色进行统一规定。场地地上环境中的配色宜与真实环境一致，设备宜向实际颜色贴近，装修应采用实际颜色。土建结构构件的颜色和管道系统颜色应统一在材质浏览器中的"外观"中设置，并在"图形"中勾选"使用渲染外观"，且材质资源不与其他材质共享（手形图标显示为 0），如图 C-1 所示。

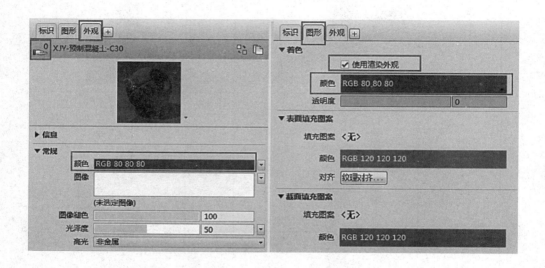

图 C-1　编辑颜色

C1.4.2　构件的贴图

当进行场地环境模型等其他模型建模时，需要进行贴图工作。为保证全线模型的一致性，现对场地模型进行如下操作。在选择贴图的位置创建一块结构墙体，记录墙体的长宽值，厚度以不影响外观为准。在编辑类型中，对结构进行编辑，结构材质按类别编辑，在材质浏览器中新建材质，如图 C-2 所示。

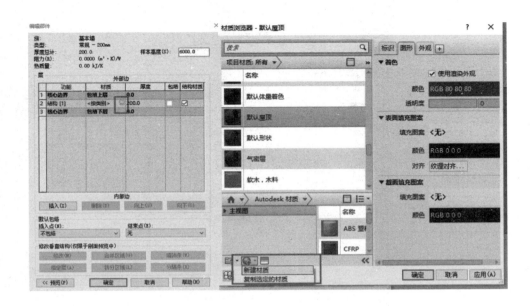

图 C-2　编辑材质

在外观选项卡中选择图像，点击图片进行导入，如图 C-3 所示。

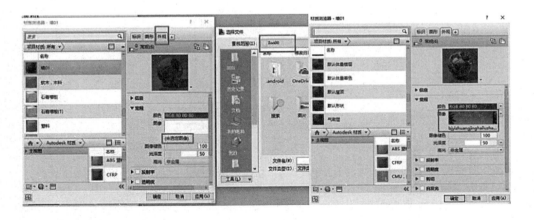

图 C-3　图片导入

对图片进行编辑，在"比例"栏中，点击右侧图标取消关联，在宽度、高度中输入墙体的高宽值，在"重复"栏中，选择"无"，如图 C-4 所示。

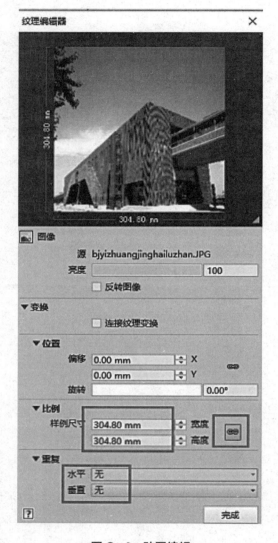

图 C-4　贴图编辑

　　在真实模式下查看贴图效果，若存在图片偏移则在位置偏移输入数据，调整贴图效果。建模人员需设置统一的贴图存放目录。模型载入平台需设置统一的贴图路径，以保证图片能够正常显示，为此此处定义的贴图路径为：

　　C：\Program　Files　(x86)　\Common　Files\Autodesk　Shared\ Materials\xxx

　　在向总包单位提交模型的同时还需提交贴图文件。

C1.5　其他建模要求

（1）在建立地下管线模型时，如遇方形混凝土管涵，模型属性可按"梁"来建立。

（2）在体现规划控制线时，模型属性按"墙"建立。

（3）为保证不与其他模型冲突，场地模型的建模范围仅限于施工围挡范围以内，车站基坑范围以外。

（4）地下管线模型、场地环境模型及交通导改模型需分期建模，每一期形成一个模型文件。

C2　相关三维模型图

车站模型整合后，将模型轻量化，利用各种渲染软件对模型进行二次深化设计，对模型进行贴图渲染，以人物模式在站内漫游模拟，使人可以更直观地观察站内情况。维护结构模型图如图 C-5 所示；站内三维模拟效果图分别如图 C-6、图 C-7 所示；车站公共空间三维模拟效果图如图 C-8 所示。

图 C-5　维护结构模型图

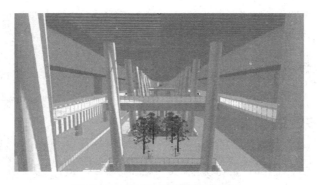

图 C-6　站内三维模拟效果图一

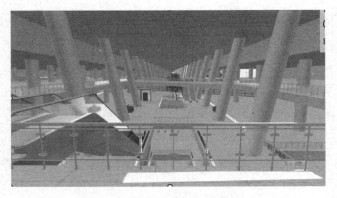

图 C-7　站内三维模拟效果图二

图 C-8　车站公共空间三维模拟效果图

C3．工程量统计

C3.1　应用内容

基于施工图设计阶段的 BIM 模型，提取实体模型构件的工程量信息和构件属性信息，导出工程量明细表，辅助工程量统计。

C3.2　数据准备

BIM 模型；工程量统计需求；构件项目特征及相关描述信息。

C3.3　应用流程

（1）建立 BIM 模型；

（2）检查模型是否符合计量标准，是否添加了构件参数化信息与构件项目特征及相关描述信息；

（3）整理统计出与工程量统计相关的信息参数以及构件特征信息等，添加到模型中；

（4）通过 Revit 软件直接统计，或利用其他软件统计工程量；

（5）采用 Revit 软件直接统计工程量时，宜通过进行构件材质命名，建立材质提取明细表（从模型中提取出的工程量信息应满足计量、计价规范要求）；

（6）形成工程量明细表。

工程量统计应用流程图如图 C-9 所示。

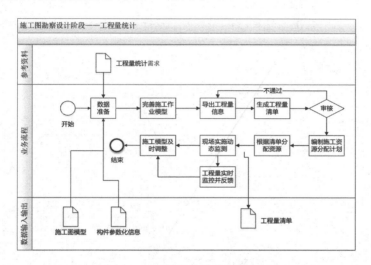

图 C-9　工程量统计应用流程图

依据图 C-9 的流程可以清晰厘清整个施工阶段实际的工程量，随后根据不同的数据信息进行分类，通过全生命周期物化能耗的分析计算方法，得到工程实际碳排量。

C3.4 应用成果

基于施工图设计阶段的 BIM 模型；提取实体模型构件的工程量信息和构件属性信息；辅助业主进度管理和支付管理等；提交成果为工程量统计表。

C4　设计方案比选

C4.1　应用内容

基于 BIM 技术，通过制作或局部调整的方式，形成多个备选的设计方案模型，并利用 BIM 的可视化特点选出最佳的设计方案；使项目方案的沟通、讨论、决策在可视化的三维场景下进行，实现项目设计方案决策的直观和高效。同时，将碳排放量作为另一评价维度纳入比选方案的考量中，以促进当下国家倡导低碳生活、低碳生产的政策落实。

C4.2　应用流程

（1）收集数据，并确保数据的准确性；

（2）建立 BIM 模型，模型应包含方案的完整设计信息。若采用二维设计图建模，模型应当和方案设计图纸一致；

（3）检查多个备选方案模型的可行性、功能性、美观性等方面，并进行比选，选择最优的设计方案；

（4）形成最终设计方案模型。

设计方案比选应用流程图如图 C−10 所示。

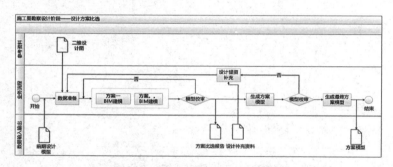

图 C-10　设计方案比选应用流程图

C4.3　流程图中包含的数据信息说明

方案模型应能充分体现方案的设计意图，应包含支撑方案比选和决策的几何信息和非几何信息。

C4.4　应用成果

设计方案模型，体现备选方案的三维透视图、轴测图、剖切图等图片，平面、立面、剖面图等二维图；BIM 应用报告。